ロブスターの歴史

LOBSTER: A GLOBAL HISTORY

ELISABETH TOWNSEND
エリザベス・タウンセンド【著】
元村まゆ【訳】

原書房

目次

［……］は翻訳者による注記である。

序章◉ロブスターとは?

人間とロブスターとの恋愛関係は、必要に迫られて始まった。しかしそれは相思相愛ではなく、報われない片思いだった。人間は食べ物を必要としていて、この甲殻類は手や槍、長い釣り針、かご、網や罠を使えば、いつでも簡単に捕れるところに棲んでいた。だが、ロブスターはいつの間にか単なる食べ物ではなくなった。貧者の重要なタンパク源から文化の象徴へと、その地位は変化していったのだ。

人間とロブスターの関係は昔から複雑だった。ロブスターがあり余るほど捕れた時代には、沿岸住民の多くは見向きもしなかった。だが、ロブスターが裕福な都会の食通の間でもてはやされるようになり、輸送や保存の技術革新が進むと、一気に消費量が増え、絶滅が危惧されるほどになった。東京やアメリカのアイオワ州ダビュークでロブスターがディナーの皿に載るようになったのは、こうした技術革新と大量消費市場の結果である。この恋愛はつかの間の火遊びではなく、長きにわたる親密な関係なのだ。

問題が発覚した初期から規制によって乱獲を防いだため、世界のロブスター産業はいまも繁栄している。だが、記録的な大漁があっても、この種を失うことになるのではないかという不安は消えない。そして今日ロブスターとその消費者は、また新たな局面を迎えている。ロブスターに対する人道的な取り扱いへの関心が高まると、ゆくゆくは需要は減少し、調達人もロブスターを売ることに消極的になるかもしれない。あらゆる動物に対する思いやりが深まってきて、それにはロブスターも含まれている。動物福祉法にこのような甲殻類も含めるよう範囲の拡大を考えている国もある。ここでも新しいテクノロジーが重要な役割を果たし、電気刺激と水圧を使ってロブスターを人道的に死に至らしめる新しい機械が開発されている。

人類は生き物を殺して食べるという原始的な体験と決別したため、口に入る食べ物とそのもとの姿とのつながりを見失いかけている。海のそばの店で、茹でたてのロブスターを食べるというのどかな体験は、今後はできなくなるかもしれない。そうなると、サルバドール・ダリの『ロブスター電話』やアメリカのメイン州の車のナンバープレートに描かれている、活きのいい典型的なロブスターの姿をそれと認識できるだろうか。ロブスターが象徴する、岩だらけの海岸で過ごした夏の休暇——勇敢な漁師や海女がロブスターを捕まえ、供された

サルバドール・ダリ『ロブスター電話』（1936年）ロブスターは一種の偶像で、この著名なスペイン人シュールレアリストによる例を含め、多くの芸術作品に姿を現わしている。

極上のシーフード料理を友人たちと食べたこと――を思い出すだろうか。そもそも「ロブスターを食べる」という体験はどうなるのだろう。

　人間とロブスターは長い歴史を共有してきた。私たちがこの甲殻類について多くを知るようになるずっと以前から、ロブスターは崇拝される甲殻類、あるいはステータスとして芸術的創造の対象への道を歩みはじめていた。イセエビは紀元前15世紀のエジプトの神殿の壁面を飾っている。その壁画は東アフリカの海岸沿いに紅海を下った探検隊が持ち帰った、目新しく魅惑的な水辺の動物や植物を描いたものだ。紀元前1世紀にはイセエビは古代都市ポ

ロブスターはアメリカ、メイン州の車のナンバープレートから美術作品、小説、映画まで、あらゆるものを飾っている。

ンペイの食堂のモザイク模様の床に描かれ、古代ローマの詩人ウェルギリウスの叙事詩『アエネーイス』にはトロイ軍のかじ取りパリヌルスとして登場している。また、ポンペイ人の家の食堂のモザイク模様の床には、人々が食事を終えたあと、食べられなかった殻と骨が「テーブルの下に投げ捨てられていた」ようすが描かれている。

現代でも人間はロブスターのとりこだ。だが、ほとんどのロブスター愛好家は、古代エジプト人やペルシャ人、イタリア人ほどロブスターのことを知らない。ロブスターとその消費の興味深い歴史に分け入る前に、フィオナを紹介しておこう。フィオナはオレンジと黄色の斑点（はんてん）のある殻をもつロブスターで、現在7歳で体重は800グラム。そのおしゃれな外見から、約3000万匹に1匹の希少なロブスターと言われている。このうち若いロブスターは、オレンジ色の斑点はあるけれどもイエロー・ロブスターとみなされ、2009年にプリンスエドワード島に近いカナダの海で捕獲された。食材として売られる代わりに保護され、現在はアメリカ、マサチューセッツ州イーストハムの〈アーノルズ・ロブスター・アンド・クラム・バー〉の水槽で、100匹近いロブスターと一緒に暮らしている。将来的にはどこかの水族館へ寄贈されることになるだろう。フィオナという名は、このバーのオーナー、ネイサン・ニッカーソンの女友達の孫にちなんで付けられた。

フィオナがどうやって生き残ったのかは謎だ。大西洋のロブスターは緑がかった茶色か黒っぽい青色で、その生息場所に溶けこんでいる。フィオナは稀有な遺伝子変異の結果、殻が黄色い。そのため、希少なロイヤルブルー、赤、白、あるいはツートンカラーのロブスター同様、捕食動物の格好の餌食になる運命にあった。ちなみに、世界中のロブスターがそうであるが、「ロブスターは白色のものを除いて、すべて火を通すと赤くなる」と、アメリカのロブスター研究家ロバート・ベイヤー博士は書いている。

フィオナは身を守るための強力な武器を持っていた。2本のハサミである。ロブスターは、ハサミがあるものとないものとで大きくふたつに分けられる。フィオナはハサミがある方で、こちらは食通が注目するだけの価値があり、商業的にも重要である。ハサミのあるロブスターのうち、3種類の注目すべきロブスターを紹介しよう。アメリカン・ロブスター、ヨーロピアン・ロブスター、ノルウェー・ロブスターだ。フィオナはアメリカン・ロブスターに属し、海水温の低い北大西洋に生息する。ハサミのないグループには、すばらしく美しいイセエビ、そしてそのいとこに当たるセミエビ、ヨロンエビがいる。これは世界各地で見られるが、おもにオーストラリアの海水温の高い熱帯海域に生息している。

ロブスターに共通する特徴は、その「嚙みごたえのある、甘みの強いまっ白な身肉」で、「この上なく風味豊かで……世界各地のものがきわめて似通っている」と、イギリスの料理人リック・ステインは言う。彼は、ロブスターは海から揚がったその場で食べることを提唱して

この珍しい水玉模様のロブスターは、2004年にメイン州ロックポートの近くで発見された。ホマルス属のロブスターは、典型的な緑色がかった茶色や黒っぽい青色だけでなく、さまざまな色をしている。

いる。生きたまま売られるが、その後、尾の部分を冷凍にしたり、加熱調理したりして販売されるものもある。十脚甲殻類なので、体の裏側に脚が10本ある。

ロブスターはほとんどが夜行性で、海底に住んでいる。その環境にあるものなら何でも食べるが、甲殻類、魚、軟体動物、ウニ、巻き貝、ぜん虫などが好物だ。原始的な生き物のわりには、私たちが思っている以上に食通で、新鮮な食べ物を好む。また、厳選した植物や、ロブスター用の餌(塩で味つけしたものや生の魚の小片)など、100種類近くの動物も食べる。水槽に入れられたハサミのあるロブスターの中には、共食いに走るものもいるが、野生では共食いはない。必要とあらばハサミのあるものもないものも、他の動物を調達するだろう。魚は餌を丸のみするが、甲殻類はかじる。食べ物を引っぱったり、ちぎったり、つぶしたり、巧みに処理して、自分の口に合う大きさにする。ロブスターは毎年冬になると、温かくて浅い海から水温が安定した深い海に移住する。

ハサミのあるものもないものも、ロブスターは2億5100万年から2億9000万年くらい前に、共通の祖先から分かれた。見かけはよく似ているが、この2種類は近い親戚ではない。ハサミのあるロブスターは、ハサミのないロブスターよりは淡水ザリガニに近い。だが、ハサミのないロブスターとザリガニだったら、あなたはどちらを食べるだろう?

鮮やかなブルーのイセエビは、ほとんどの暖水域に広範囲に生息している、多様なハサミのないロブスターのほんの一例にすぎない。

◉ハサミのあるロブスター

アメリカン・ロブスター、ヨーロピアン・ロブスター、ノルウェー・ロブスターはハサミのあるロブスターで、ロブスター信奉者の垂涎（すいぜん）の的であるアカザエビ科（Nephropidae）の30種以上のロブスターのうちの3種だ。本物のハサミのあるロブスターは、ヨーロピアン・ロブスター（学名Homarus gammarus）と、そのいとこに当たるやや大きめのアメリカン・ロブスター（学名H. americanus）だ。この2種の甲殻類は、ザリガニと区別するために「真の（true）」をつけて呼ばれる。アリストテレスの時代には、ロブスターとザリガニは同じ種に分類されていた。その名称は、科学者の知るロブスターの種類が増えるにつれ、また、言語が変化するにつれて変化していった。「ロブスター」という名前は古英語の「lobystre」に由来すると考えられるが、「lobystre」はラテン語で「バッタ、イナゴ」を意味する「locusta」から来ていると思われる。１８３７年に動物学者のアンリ・ミルヌ＝エドワールが、賢明にもロブスターをラテン語のホマルス（Homarus）という特定の属にまとめた。

ロブスターと聞いて、身肉がたっぷり詰まったハサミをイメージするなら、それはアメリカン・ロブスターで、美食の最高規範（ゴールドスタンダード）だと言う人もいる。一番前の1対のハサミに目を奪われるが、その後ろの2対の脚にも小さめのハサミが付いている。このよく知られた、人気

この古い版画は、北大西洋の冷水域に生息する、原始的なハサミのあるホマルス属のロブスターを描いている。

の高い甲殻類は、カナダのラブラドル地方からアメリカのノースカロライナ州までの、温度の低い海水に住んでいる。単独で行動し、攻撃的で、交尾のあとに相手を食べてしまうこともある。アメリカン・ロブスターにとって、アメリカのメイン湾はカナダのセントローレンス湾と同様快適な環境で、ここに生息するものはメイン・ロブスターと呼ばれる。カナダとアメリカはロブスターの漁獲量が世界で最も多いが、それはこのふたつの湾が支えている。

通常、ロブスターは生きたまま売買され、レストランの客は水槽の中にいる微妙に青みがかった黒か、緑がかった茶色の、まだら模様のロブスターを

とくにアメリカン・ロブスターのハサミは巨大で、魚などの捕食動物に対する強力な防衛手段だが、消費者の垂涎の的でもある。この写真のように、生きているロブスターの中には裏側がオレンジ色のものもいる。

ヨーロピアン・ロブスターは、つねに典型的なダークブルーの殻をもっているとは限らないが、それでもぜいたくさの象徴だ。ロブスターはそのハサミを使って餌を一口サイズに裂くが、それを口に詰めこむのには歩行用の脚にある小さいハサミを使う。

目にすることになる。加熱すると鮮やかな橙赤色（とうせきしょく）に変わるため、「海の枢機卿（カーディナル）」［枢機卿はカトリック教会における高位の聖職者で深紅色の法衣を着用する］と呼ばれる。生きているロブスターの色は生息環境による違いがあるが、加熱すると赤くなるのは、この甲殻類の頭や胸部を覆う甲皮（外骨格）に含まれる色素のためである。

今日の消費者が食べているのは、ほとんどの場合浅い海で捕れる重さ1キロ未満のアメリカン・ロブスターだ。ロブスターは大きなものも小さなものも風味は同じだと言う人もいるが、重さ20キロ、体

ニューヨークの港湾労働者が手にしているのは、1943年フルトン・フィッシュ・マーケットに現われた、まれに見る巨大なロブスターのハサミだ。

長2メートルあるロブスター（18世紀半ばまではこれが普通だった）を食べようと思う人はまずいないだろう。これほど大きなロブスターになると、年齢は50歳、もしかすると100歳以上かもしれない。ギネスブックによると、カナダのノバ・スコシア州で捕獲された最大のアトランティック・ロブスターは、約20キロあったそうだ。アメリカのバージニア州沿岸では1930年代に、体長1メートル以上、重さは20キロ近くあるロブスターが捕獲されている。

ヨーロッパ人にとってヨーロピアン・ロブスターは、シャンパンやキャビアと同様、昔からぜいたくさの象徴だった。その結果、アメリカン・ロブスターが危機に瀕するずっと以前から数が不足していた。ダークブルーの色をしたヨーロピアン・ロブスターは、ノルウェーから地中海にいたる岩の多い海底に住んでいる。平均的な大きさは体長30センチ、重さは300〜500グラムだが、75センチくらいまで大きくなるものもいる。北部のロブスターの中には1〜1.5キロのものもいる。

淡いピンク色でほっそりした、体長15〜25センチのノルウェー・ロブスター（学名Nephrops norvegicus）も、とても人気がある。淡水ザリガニに似ているが、別種の生き物だ。大西洋に生息するロブスターの中で最も色彩豊かで、キラキラした黒い目と艶のあるピンクの殻をもち、中にはバラ色や橙赤色でハサミに赤と白の縁飾りがあるものもいる。アイスラ

ノルウェー・ロブスターはヨーロピアン・ロブスターほど高価ではないが、エビに似た味がする。

ンドからモロッコにいたる大西洋で捕れ、生きている状態で売られることもあれば、調理済み、あるいは冷凍された状態で売られることもある。

ノルウェー・ロブスターには呼び名が多く、シーフード愛好者でも混乱するほどだ。フランス人はラングスティーヌ、あるいは「ドゥモワゼル・ドゥ・シェルブール」（シェルブールのお嬢さんの意）と呼ぶ。アイリッシュ海で生きたまま捕獲されると、「ダブリン・ベイ・プローン」（「ダブリン湾のエビ」の意）と呼ばれるが、それは単にこの船に積まれたロブスターがダブリン湾に入ってから売られたからだ。愛称は「ロブステレット」。イタリア語では「スカンピ」と呼ばれ、ベネチア市民はアドリア海で捕獲されたものを、茹でるか油で炒めるかして、ガーリックソースを添えて供する。イギリスのメニューでほぼ定番になっているスカンピを蒸したものは、バター、塩、レモン汁を混ぜたソースをつけて食べる。また、オリーブオイルを塗って焼いたり、パエリアに入れたり、茹でて丸ごと供したり、中国料理やベトナム料理をヨーロッパ風にアレンジしたものに使ったりする。一度冷凍するとエビに似た風味がより強く感じられ、車エビのカクテルや、揚げ物、カレー、クリームソースに入っている。ハサミと胴体があまりにも小さいので、通常は尾の部分だけを食べる。

◉ハサミのないロブスター

「わが故郷とはイセエビのいるところだ」とは、熱帯の西インド諸島のタークス・カイコス諸島にあるリゾート地のキャッチコピーだ。この地域に生息するハサミのないロブスターは、より水温の高いアジアやオーストラリアの海の、岩の割れ目や危険なサンゴ礁を棲みかとし、身を守る大きなハサミがない代わりに、色鮮やかな凹凸（おうとつ）のある殻がよろいの役目をしている（イセエビには大西洋に生息するロブスターのようなハサミはないが、メスのイセエビの5番目の脚には小さなハサミがついている）。ほとんどのイセエビは捕食動物を追い払うために、とてつもなく長い先のとがった2対の触角を外骨格にこすりつけて、バイオリン初心者が出すようなキーキーという耳障りな音を出す。そのため、フランス人はイセエビを、ラングースト（「イナゴ、コオロギ」を意味するラテン語locustaに由来）と呼ぶ。他にもケープ（岬）・ロブスター、ケーブ（洞穴）・ロブスター、クローフィッシュ（ザリガニを指す場合が多い）、あるいはシー・クレイフィッシュ（「海のザリガニ」の意）とも呼ばれるが、ザリガニは淡水に棲む甲殻類で、イセエビとはまた別種の生き物だ。

アメリカン・ロブスターのフィオナも美しいが、イセエビもなかなかの美形で、しかもロブスターより知能が高いようだ。カリブ・イセエビやフロリダ・イセエビ（いずれも学名

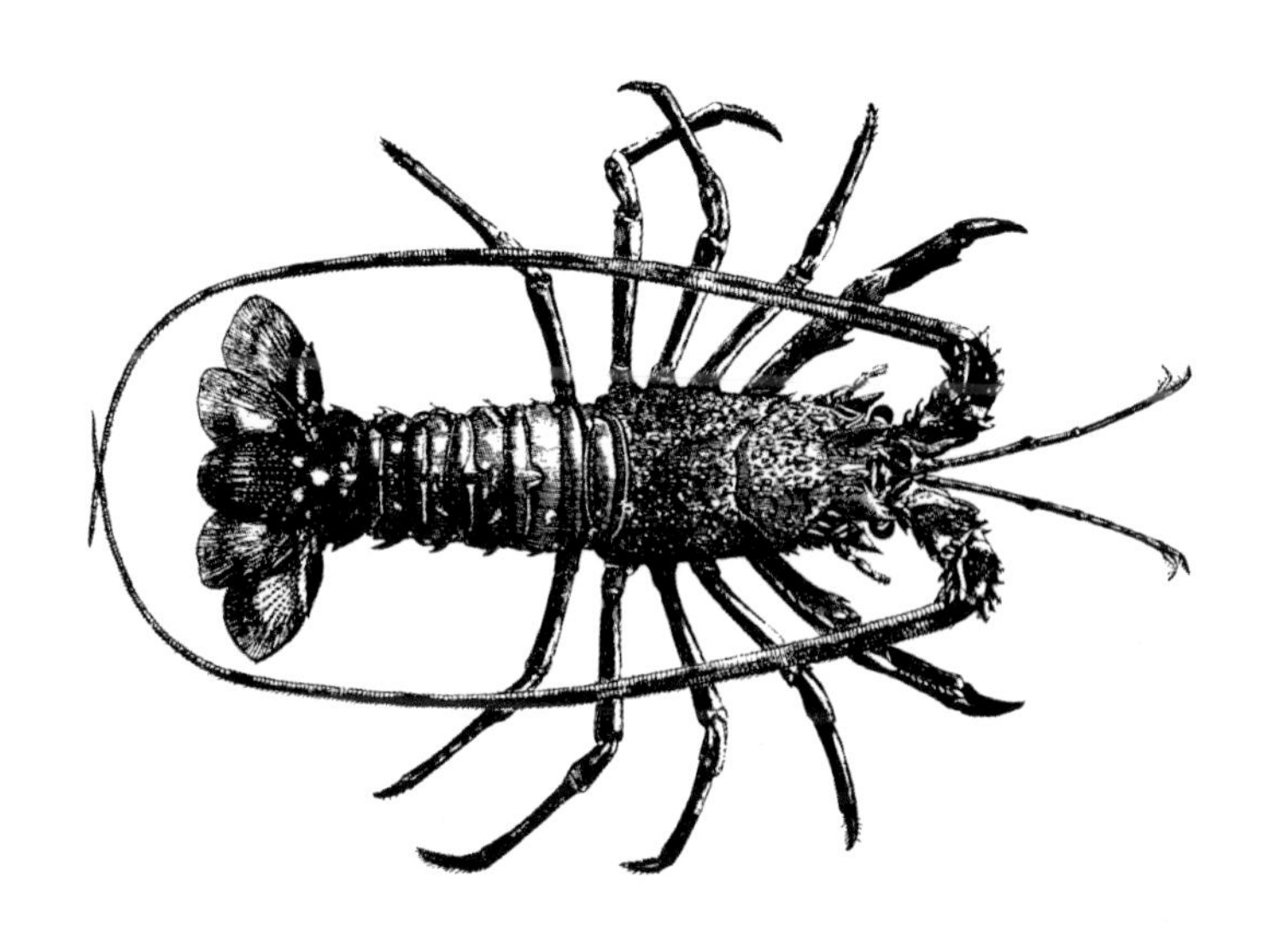

この古い版画に描かれているようなイセエビは、少なくとも4万年前から食べられてきた。

Panulirus argus）は秋に棲みかを変えることが知られていたため、ノースカロライナ大学の研究者は、イセエビは初めて行く地域へ移動している最中でも、自分の位置がわかっているかどうかを解明しようとした。約100匹のイセエビを、外が見えない容器に入れて知らない場所へ移動させてみたところ、イセエビたちは自分が地球のどの地点にいるかわかっていたことが判明した。初めて行った場所で目を覆った状態にしても、イセエビは約12～37キロ離れた捕獲場所の方向を向き、戻ろうとした。それ以前に、同大学の科学者ラリー・C・ボールズとケネス・J・ローマンが、イセエビは航海に必要な道具、すなわち磁気コンパスを内蔵していることを発見している。こ

社会性のあるイセエビは、このオーストラリア・イセエビのように、昼間は身を隠すためにサンゴ礁や岩の割れ目を共有し、長い触角を武器に集団で敵と戦う。すべてのロブスターがそうであるように、イセエビも夜間に餌をあさる（シャーク湾、西オーストラリア州、1993年）。

れらの研究により、カリブ・イセエビは無脊椎動物で初めて帰巣性が認められた。カリブ・イセエビは、チョウ、ガンや伝書バトのような鳥、サケ、クジラなどとともに、航海能力をもつエリート集団に属しているのだ。

カリブ・イセエビやフロリダ・イセエビがより深い海へ棲みかを移す際は、60匹ほどの群れになって一列縦隊で移動する。沿岸に波を立てる秋の嵐を逃れるために、約10万匹ものイセエビがこのように隊列を組む。このときに槍のような触角が役に立つ。前を行く仲間の上に触角を載せてつながりを保つのだ。こうしてイセエビは、コンガダンス［アフリカ起源の舞踊で、前の人の肩や腰に手を置いて行進するように踊る］のように列をなして、カリブ海の底を移動していく。

安全な群れを離れ敵に遭遇すると、イセエビは地面に脚を踏ん張り、触角を武器として戦う。移動しないときは、沈没船に身を隠すのを好む。捕食動物の目につかない暗がりが日中でも確保できるからだ。そして夜になると、食料調達のために船から出ていく。イセエビはアメリカン・ロブスターよりはるかに社会性のある生き物で、岩の割れ目、洞穴、岩棚、海藻のすき間を同種の仲間とごく自然に共有する。

だが、イセエビの卓越した防衛能力をもってしても、世界で最も珍重されるシーフードになるのを防ぐことはできなかった。ここ数十年で需要は増加し、90カ国以上で捕獲され、販売されている。これまで捕獲された中で最大のイセエビは、体長約1メートル、重さは12キロ近くあったそうで、推定年齢は25〜50歳だ。イセエビ科（学名 Palinuridae）にはざっと45種の生物がいるが、そのうち商業的に重要視されているのはほんの一握りで、食通から珍重されるのも大体それくらいだ。もし多くのイセエビが多様な環境に順応して、広範囲な地域で捕獲されたら、消費者は本書に掲載していないメニューでも、イセエビを目にするだろう。

ヨーロッパ・イセエビ（学名 Palinurus elephas）は、イギリスの南端から地中海まで生息するが、大部分は熱帯海域にいる。コモン（普通の）・ロブスター、メディテレーニアン（地中海）・ロブスター、レッド・ロブスターとも呼ばれる。

アメリカの太平洋沿岸では、大食漢たちが太平洋から水揚げしたばかりの、ランゴスタと呼ばれるカリフォルニア・イセエビ（学名 P. interruptus）に舌鼓を打つ。アメリカの海域には、他にもバミューダ諸島からブラジルにかけて、ウェストインディアン（西インド諸島）・イセエビ（学名 P. argus ）が生息するが、大西洋ではまれに、はるかノースカロライナ州でも見つかることがある。

アジアには注目に値する2種類のロブスターがいるが、それはイセエビの仲間の華麗なニシキエビ（学名 P. ornatus）と色鮮やかなゴシキエビ（学名 P. versicolor）だ。

イセエビ漁は、ニュージーランド（ミナミ・イセエビ、学名Jasus edwardsii）やオーストラリア（オーストラリア・イセエビ、学名P. cygnus）、南アフリカ（アフリカ・ミナミ・イセエビ、学名J. lalandii）で利益を上げている。世界最大のイセエビの漁場はオーストラリアで、１８００年代後半にヨーロッパ人が入植してから始まった。

生きたイセエビは、とりわけ日本人の間では高値で売買され、日本の在来種としては伊勢エビ（学名P. japonicus）などがいる。だが、尾の部分はほとんど冷凍で市場に出る。

今日イセエビは、日本からヨーロッパまでメニューに載っているが、とくにヨーロッパ大陸で人気がある。フランス人、とりわけパリ市民は好んで食べるので、南アメリカと北アフリカからの輸入で国内の供給不足を補っている。イセエビの身肉は真のロブスターと同じように調理され、世界中に出荷される。アメリカ人はオーストラリア、ニュージーランド、メキシコ、南アフリカ、南アメリカから何千トンも輸入している。

イセエビはその身肉が美味なために高く評価される。身肉は腹部にあるが、「ロブスターの尾」と表示して販売されることが多い。ある匿名のライターの見解は「ややきめが粗く、ぎっしり詰まった白い」身肉は「風味豊かだが……真のロブスターの身肉ほど……際だっていない」というものだが、前出のリック・ステインによると、「ロブスターと変わらぬ優れた食材」だそうだ。この本物のロブスターの遠い親戚たちは、ロブスターと同じように料理

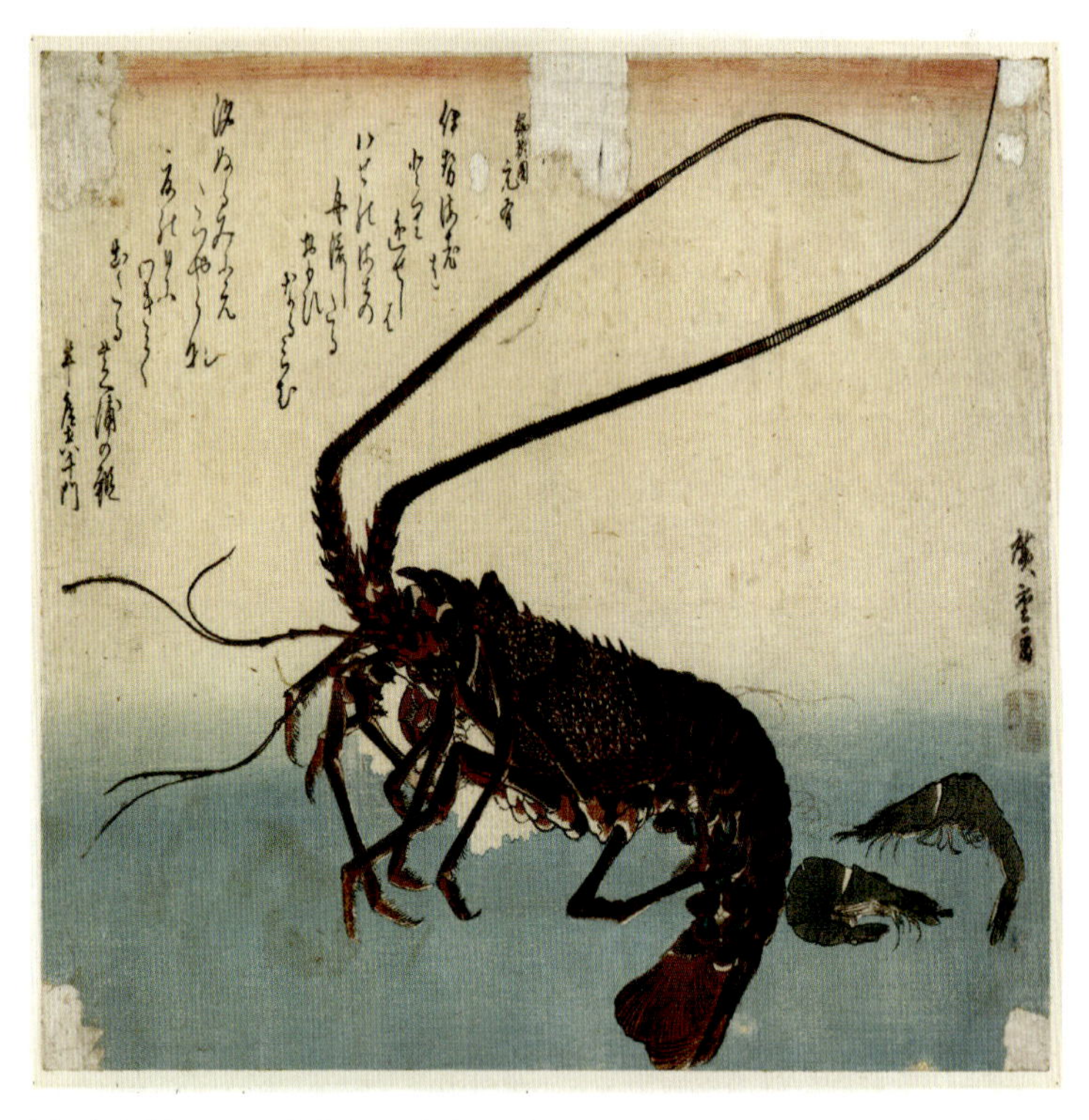

歌川広重『魚づくし　伊勢海老と芝海老』（1835～44年、版画）イセエビは何世紀も前から日本食のご馳走だ。

できるが、ステインは「パサパサしやすい」と警告している。

西太平洋でバグ・ロブスターやベイ・ロブスターと呼ばれるモートン・ベイ・バグ［和名ウチワエビモドキ］とバーメイン・バグは、最もよく知られたセミエビ科のロブスターで、シャベルノーズド［シャベルのような鼻をした］・ロブスターとかスパニッシュ・ロブスターとも呼ばれる（セミエビ科には50種以上のロブスターがいて、そのうちの2種）。この種は広範囲に生息していて、地中海やスコットランド、ハワイ海域でも見られる。セミエビ科も熱帯海域で捕獲され、商業的にはあまり重要視されていないが、食用に適する甲殻類だ。イセエビとヨロンエビのいとこに当たり、これも真のロブスターではない。その際だった特徴は、ハサミがなくて全体に平べったいことの他に、頭部から突き出している大きな板状の触角だ。たとえばニューサウスウェールズ州バーメインで捕獲されるバーメイン・バグ（学名 Ibacus peronii）は短くて幅の広い触角を使い、オーストラリア沿岸の砂や泥を掘って餌をあさる。

モートン・ベイ・バグ（学名 Thenus orientalis）はオーストラレイシア［オーストラリア、ニュージーランド、近くの南太平洋の島々全体を指す］ではよく知られている。クイーンズランド州のレストランでは、その身肉はさまざまな料理に向くと考えられ、甘い味つけと塩味のどちらの料理も味わえる。モートン湾で捕獲されるためにこの名がついたが、インド洋、

ハサミのないセミエビは、尾だけが食用になる。この種（学名 Scyllarides haanii）は、その平たい頭をシャベルのように使って土を掘り、インド・太平洋地域の地元の市場で見かける。

あるいは太平洋西端でも生息している。ヨーロッパでは、海の中でセミが鳴くような音を出すので、「シガール・ドゥ・メール」（「海のセミ」の意）とも呼ばれている。バーメイン・バグはシドニーの魚市場や店でよく見かける。多数のシーフードのガイドブックの著者アラン・デイビッドソンは、「紅海、アフリカの東海岸から東のインド、中国、日本の南部、フィリピン」でも生息していると書いている。「短い毛に覆われた」という意味のファァリー・ロブスター（ヨロンエビ科）には、商業的に重要なものはいない。

ロブスターはさまざまな名前で流

通していて、さまざまな色のものがいる。だが、名前や色に関係なく、ロブスターはすべて食用に適する。そして、海で捕獲したものも市場で購入したものも、ロブスターは何千年もの間、人間の歴史の中で魅力的な役割を果たしてきた。

第1章◉肥料から食卓へ

◉先史時代～古代

100種類以上もあるロブスターの違いを誰も知らなかった大昔から、ロブスターは身近な生きもので、人間はロブスターを食べていた。殻がその証しだ。ロブスターは2億5000万年以上前から存在しており、その遺物がヨーロッパやアメリカで見つかっている。1995年にはメキシコのチアパス州で1億1000万年前の遺物が発見された。アメリカ、ニューヨークのロングアイランド湾で見つかった化石からは、アメリカン・ロブスターは約1億年前からよろいを身につけたゴキブリのような姿をしていたことがわかった。イギリス南部の沖にある島で1億4600万年前のグリーンサンド層で保存状態のよい遺物が出土し、ロブスターの繁殖場所の痕跡が発見された。ドイツのバイエルンで見つかった化石は、約2億年前のものだ。化石となったロブスターの殻からは、人間が記録を残しはじめる以前から私たちの生活でロブスターがどんな役割を果たしたかを知ることができる。

また、ロブスターの殻のあった場所から、先史時代に世界中の人間が何を食べていたかをたどることもできる。貝塚――この場合、漁業集落で発見される殻や貝殻の山――から何かを読み取るとしたら、私たちの先祖は甲殻類にかなり夢中になっていたということだ。イギリスの海岸には巨大な貝塚が点在するが、これを見ると先史時代の海辺の集落では、甲殻類を好んで食べていたことがわかる。殻の山は、南アフリカでは約10万年前のものが、オーストラリアとパプアニューギニアでは約3万5000年前のものが見つかっている。世界のいたるところで、人々はつねに入り江、川、海の豊富な食べ物を利用してきた。ロブスターや軟体動物など、すぐ食べられて、しかもタンパク質が豊富な食料源を、引き潮の間に素手で捕まえたり、かごのように編んだ罠で捕らえたりして、活用してきたのだ。また、夏の間に余分に捕獲しておいて、冬に備えて燻製や干物などに加工する方法を考え出した。

ヨーロッパ沿岸の住民は、石器時代からロブスターを食べていた。彼らが何を食べ、どのように調理していたかを示す証拠は少ないが、食物史学者によると、先史時代のほとんどの沿岸住民は、ロブスターをはじめとする甲殻類を貴重な副食物とみなしていたようだ。だが、

ロブスターをかたどった器はペルーの北岸から出土した。50～800年ごろのもの。

著書『イギリスの食べ物と飲み物 *Food and Drink in Britain: From the Stone Age to Recent Times*』（1973年）の中で、C・アン・ウィルソンはある例外に言及している。ロブスターはイギリスの昔の極貧階級の主要な栄養源だったという。また、スコットランドの島々などの地域では、食糧難の時代に時おりロブスターを食べるくらいだった。おそらくそれは、ロブスターの捕獲は人手を要する作業だったからだろうと、ジェーン・レンフルーは『先史時代のイギリスの食物と料理 *Food and Cooking in Prehistoric Britain*』（1985年）の中で述べている。中石器時代のスコットランドの沿岸住民は、海岸線の近くで、現代のロブスター捕獲用網かごの前身とも言うべき、底に重りのついたかごを使ってロブスターを捕っていたのではないかと、レンフルーは推測している。この方法なら、深海漁業用の船を使うよりずっと簡単だ。スコットランドのオロンセイ島や、港町のオーバンの住民や旅人は、おそらくロブスターを生のまま、あるいは茹でたり、燻製にしたり、熱い石の上で（殻がついたまま）焼いたりして食べていたと思われる。

かつてのイタリア半島の住民は、古代ポンペイのモザイクに描かれた殻の絵から、イセエビの愛好者だったと思われる。裕福なギリシャ人やローマ人は甲殻類を好んで食べ、ときには法外な金を払うこともあった。紀元前54年から紀元407年にかけて、ローマ人はあらゆる甲殻類をご馳走とみなし、海からかなり離れた内陸部まで輸送していた。

古代ペルーのモチェ文化にとっても、ロブスターはきわめて価値の高いもので、50～800年ごろにはペルーの北部海岸ではロブスターをかたどった器が作られていた。大量生産できるように赤みがかったオレンジ色の容器が作られていたが、やがて手作りされるようになった。これらの器はおそらく墓地遺跡にあったが略奪されたもので、所有者や使用目的はわかっていない。それでも、ロブスターの身肉は食用に、殻は薄いピンクの染料や装飾品、道具に使われたことはわかっている。

◉700〜1600年代のヨーロッパ

北ヨーロッパの住民の間では、バイキングの時代以降に甲殻類と魚の消費が増加したが、それにはふたつの理由がある。ひとつは船が改良されて深海の漁が可能になったこと。もうひとつはキリスト教会からの圧力とともに、とくにイギリスでは、造船と船員の訓練を推進したいという願望があったことだ。

魚、とくに新鮮な海水魚は、ステータスシンボルになっただけでなく、上流階級の重要な食料でもあった。北ヨーロッパの大部分は、海から荷馬で1日の距離だったこともあって、魚の供給は増えていった。魚とともにロブスターの消費も増加したが、魚と違って海水から揚げて2日以内に調理しなければならず、増加した消費に対処するためには、進歩した輸送手段が必要だった。その結果、ロブスターを口にすることができたのは、そうした輸送手段を利用できる金持ちだけだった。

ロブスターを購入する人のほとんどは、それを料理する人間を雇う金銭的余裕があった。こうした料理人が、ロブスターの調理法を含め、ヨーロッパ料理をつくりあげていった。中世に書かれた2冊の本から、そのようすを垣間見ることができる。1300年代初頭に『タイユヴァンの料理書 *Le Viandier de Taillevent*』の著者は、ロブスター――当時は海水ザリガニとも呼ばれた――は、ワインを入れたお湯で茹でるか、オーブンで加熱したあと、酢に浸して食べるのがよいと提案している。この料理本はしばしば誤ってギヨーム・ティレル（1310～1385年ごろ）、別名タイユヴァンの著書とされる。ティレルはフランス宮廷に仕えた有力なシェフで、彼の名前をつけたレストランがパリをはじめとしていくつかある。だが、C・M・ウールガーは著書『食物：味覚の歴史 *Food: The History of Taste*』（2007年）で、『タイユヴァンの料理書』はティレルが生まれる前から存在していたと主張した。

女性への家事指南を含む結婚生活の手引書『パリの家政 *Le Ménagier de Paris*』は、ある年配の男性が自分の15歳の花嫁のために1393年に書いた本だ。簡単な甲殻類のレシピの中に、ロブスターとイセエビの料理法も書かれている。ロブスターまたはイセエビのスープの作り方は、シナモン、クローブ、ショウガなどの香辛料、砕いたアーモンド、豆を茹でた湯で湿らせたパン粉を入れたスープに、茹でて殻を取り、油で炒めた甲殻類を加え、酢少々を加えて煮立たせる、とある。酢は、茹でるか焼くかしたイセエビのソースにもなる。ロブスターは、風味付けにエシャロットを添えてオーブンで焼くレシピが掲載されている。

ロブスターは裕福さと政治力を示す手段として、上流家庭で重宝されるようになり、とくに祝宴の席にはさまざまな種類のロブスターが並んだ。

たとえば1400年代初頭、ソールズベリ司教の食卓には、9ヵ月間に少なくとも42種類の甲殻類と魚が並んだ。海岸近くに住む人々の多くは、魚、カキ、とりわけ甲殻類（ロブスター、カニ、大きなエビ、小エビ）を求めた。15世紀半ばになると、茹でたロブスターは一般的な料理になっていたが、冷たい身肉を酢につけて食べるやり方もあった。一方で、イギリス内陸部の住人のほとんどは、海の甲殻類を見たことがなかったため、知らないまま過ごしていた。

そんななか、1548年、イギリス議会は法令で土曜日を魚の日と定め、国民に肉ではなく魚を食べることを義務づけた（肉を食べることは「重大な罪」に当たるとされた）。16世紀後半になると、どうやらロブスターは、沿岸住民が「魚の日」に、高価な肉の代わりに、酢漬けや塩漬けにして食べる新鮮な魚の仲間入りをしたようだ。16世紀において魚の日は重要だった。魚の消費量を増やし、それによって牛肉を節約して海軍のために確保しなければならなかったからだ。また、魚の日によって魚を輸送するための造船技術が進歩し、船員の数も増え、漁業が発展した。ヨーロッパ大陸における甲殻類全般の人気は、17世紀後半まで続いた。

一方、魚の日のせいで、料理人は豪華な晩餐会があるたびに頭を抱えることになった。1570年、オーストリア・ハプスブルク家の皇女エリザベートがフランスのシャルル9

ウィレム・カルフ『食卓の上の角杯とロブスター』(1650年代、キャンバスに油彩) ロブスターはドイツの静物画にぜいたくさの象徴として描かれている。角杯とは獣角で作った杯。

世との結婚のために正式にパリに入ったとき、パリ司教の食卓にはカキ、カエル、クジラ、多くの塩漬けや生の魚とともに、12匹のロブスターが並べられた。

ウィーンとプラハのハプスブルク家の宮廷ではロブスターが珍重された。16世紀のミラノの画家ジュゼッペ・アルチンボルドは、1566年の『水』という作品にハサミのあるロブスターを描いている。海の生き物だけを組み合わせて描いた肩から上の肖像画の胸の部分に、大胆な、赤みがかったオレンジ色のロブスターが目立つように配置されている。宮廷画家によるこの度肝を抜くような絵は、連作『四大元素』の1枚で、現在はウィーン美術史美術館に所蔵されている。食欲をそそるものではないが、この絵はロブスターが内陸部に住む富裕な人々に親しまれ、高く評価されていた証しと言える。

オランダの画家も、富裕層に愛好されていたロブスターへの親しみをアピールしている。1660年代の静物画で有名な画家ヤン・ダヴィス・デ・ヘームは、この象徴的な甲殻類をまるで生きているように描いている。『果物、花、グラス、ロブスターのある静物』と『静物』には、他にも富の象徴が描かれているが、鮮やかな赤いロブスターは際だった存在感がある。ヤン・ブリューゲルの『味覚、聴覚、触覚、味覚』では、小さめのロブスターが載った皿が、生ガキが載った大皿の隣にうまく収まっている。これもルネサンス期のぜいたくな祝宴の一例だ。

ウィレム・ファン・アールスト『果物、銀の器のある静物画』（1660～70年。パネルに油彩）ドイツ人画家によってアムステルダムで描かれたと思われる静物画。ロブスターが中央に置かれており、それが載った銀の皿と同等のステータスシンボルだった。

◉アメリカ先住民の主要食品

沿岸部のアメリカ先住民は、甲殻類をはじめほとんどの魚介類を高く評価し、重要なタンパク源や脂肪源として摂取していた。魚介類があらゆる機会に主要な食品となる部族もあった。メイン湾やナラガンセット湾からチェサピーク湾にいたる地域の初期の狩猟採集民は、栄養価が高く、取引にも使える価値ある80種以上の魚や甲殻類を放ってはおかなかった。彼らは浅瀬でかぎ竿や槍、すくい網を使って魚や甲殻類を捕った。東海岸や東部の川で発見される貝殻やカキの殻の塚は、大量の甲殻類が消費されたことを物語っている。

ロブスターはアメリカ先住民が好んだ一般的な種のひとつだ。イギリス人トーマス・モートンが1622年に、先住民の祝宴でのロブスターの役割を報告している。

> ご承知のように、ロブスターは住民にとって生活必需品で、ロブスターが潮に乗ってやってくる場所には、野蛮人（原文のまま）が500人、あるいは1000人も集まってきて、食べたり、干して保存食にしたりする。そして、その場所に1カ月から6週間ほどとどまり、ともに宴会をしたり浮かれ騒いだりする。

2009年、プリマス・プランテーションで催されたアメリカ先住民のクラムベークの再現では、甲殻類は主要な食材だった。プリマス・プランテーションは17世紀マサチューセッツ州の先住民ワンパノアグ族と植民地時代のイギリス人共同体の生活様式を展示した博物館。

クラムベーク［海辺でハマグリなど魚介類を焼いて楽しむピクニック］はニューイングランド地方のアルゴンキン族などのアメリカ先住民に起源があり、ロブスターもよく使われた。先住民は海辺の砂浜にロブスターやハマグリを集めてそばに穴を掘り、石で囲ってその中で火を燃やす。そして、熱くなった石を濡れた海藻で覆い、ハマグリやトウモロコシを重ねた上にロブスターを載せるのだ。

甲殻類はさまざまな方法で調理された。茹でたり、串に刺して焼いたり、著述家で有能な科学者でもあったジョン・ジョッセリンによると、「煙でいぶして焼いたり乾燥させたり」した。イギリス人の彼は2度のニューイングランドでの滞在を、１６７０年代に『ジョン・ジョッセリン、植民地への旅人：ニューイングランドへの二度の旅（校訂版）*John Josselyn, Colonial Traveler: A Critical Edition of Two Voyages to New England*』として、英国王立協会に報告している。メイン・ロブスターは、ポリッジ［オートミールなどを水や牛乳で粥状に煮たもの］、スープ、シチューに入れることもあった。ミシシッピ川やハドソン川の入り江、それにメキシコ湾やサンフランシスコ湾、太平洋の海岸では、他の種類のロブスターもたくさん捕れた。

◉1600年代のアメリカン・ロブスター

ロブスターは、先住民にとってはバター付きのパンに相当する主要な食べ物だが、ニューイングランドへ入植してきたイギリス人からはさまざまな反応を受けた。イギリス人にとっては、とくに好ましく、栄養価も高い肉類と比べると、ロブスターを含む魚介類は物足りなく感じられた。魚介類は味気なく、満足感が得られないのだ。イギリスの市場に並ぶ生の魚はとても食べられたものではなかったことを考えると、魚（fish）は腐臭を放つというイメージができあがった。そのため、「うさんくさい（fishy）」といった怪しげな意味をもつ言葉が生まれたのも何ら不思議ではないというのが、『海産物の食生活 *Saltwater Foodways*』（1970年）の著者サンドラ・L・オリバーの意見だ。清教徒たちはまた、ニューイングランドでの最初の数年間は、食料が欠乏したために肉類の不足がいっそう強く感じられ、強制された「魚づけの日々」による怒りや喪失感を引きずりながら暮らしていた。

だが入植者は、冷たい大西洋で、大きなハサミを振り上げ、生きたカキを押しつぶすほどの力をもつ巨大な——もうひとつのホマルス属よりやや大きい——アメリカン・ロブスターを見つけた。180トンのメイフラワー号でケープコッドにたどり着いた100名ほどの清教徒の中には、おそらくやや小ぶりなヨーロピアン・ロブスターを食べたことがある者がいて、これが食料になることを認識したと思われる。

彼らは先住民の食物貯蔵所で、他の甲殻類とともに初めてロブスターを味わい、木の実や薬草を見つけ、貯蔵穴からトウモロコシや豆類を掘り出した。彼らは最初の冬を生き延びるために、先住民が備蓄から分けてくれるものを食べるようになった。ほどなく入植者たちは、自分たちで甲殻類を捕ることを覚えたが、それ以外の食べ物はやはり乏しかった。1623年、マサチューセッツ州プリマスの総督ウィリアム・ブラッドフォードは、訪問客にロブスターしか提供できないことを嘆いて、「パンも何も……水しかない」と書いている。プリマスの入植地で奮闘する60人の移民たちにしても、手に入るのはロブスターと魚、わき水だけだった。

「入植地では幼い子供でも、自分が欲しいものを捕まえて食べる」と、1630年にマサチューセッツ州セイラムのフランシス・ハギンソン牧師は書いている。だが、たとえ「大きくて、身肉が厚く、美味」だったとしても、牧師でさえロブスターにはうんざりしていた。ロブスターの重さは7～11キロ以上あったと彼は報告している。大きさはいつも美点とは限らない。入植地の最初の弁護士エイドリアン・ヴァン・ダー・ドンクは、2メートル近いロブスターには手をつけず、「食卓にのせるには30センチぐらいのものの方がいい」と意見を述べている。オランダ人入植地の総督でもあったヴァン・ダー・ドンクは、ロブスターや「極上の魚」が大量に捕れるニューネーデルラントの湾、川、海を称賛している。

こうした巨大な甲殻類は、ニューイングランドのいたるところで手軽なタンパク源だったが、価値の高いものとはみなされていなかった。「あまりにも大量に捕れすぎたために評価が低く、あまり食用にはならなかった」と、ウィリアム・ウッドは１６３４年に著書『ニューイングランドの展望 *New England's Prospect*』に書いている。豊富さは軽蔑を生み、多くの入植者はどうにもならない空腹をしのぐため、あるいは召使いや奴隷の食事にしかロブスターを使わなかった。豚に餌として与えたり、肥料や魚捕りの仕掛けに使ったりした。過小評価されたロブスターがかろうじて免れた侮辱もある。食物史学者キャスリーン・カーティンによると、「最も長く続き、しばしば繰り返された食べ物の神話」は、「囚人や召使いが週に3回以上ロブスターを食べなくてすむよう保護する法律を制定したというものだが、実際には制定されていない。そんな証拠書類はかけらもない」という。

18世紀に入っても、ロブスターはカナダの沿岸住民からも同様の反応を得ている。人々は価値のない生き物を食べるのを恥じて、ありふれた貝類は貧者の食べ物にふさわしいと考えた。だが、『アメリカ建国時の食品 *America's Founding Food*』（２００４年）の著者によると、最終的にアメリカのニューイングランドの住民はいくつかの理由で、ロブスターや魚を称賛するようになった。その豊富さと売買から得られる金銭上の利益を考えて、地元の魚へのわだかまりに目をつぶることにしたのだ。新鮮な魚は、少なくとも食料が不足する時期に広く食べられていた干し魚よりはましだった。

先住民が入植者の味覚に与えた影響は大きく、ウィリアム・ウッドはこのような詩を作っている。

美味なロブスターと生のカニ、
塩味のカキ、ムール貝
そして、先住民の女性の好物であるカメ、
（……）海へ飛びこんでザルガイを捕り、穴を掘ってハマグリを捕る。

ヨーロッパ系の北米人は、ときには豊富に捕れすぎるこの甲殻類を、徐々に称賛するようになった。やがて、ヨーロッパにおいては、ロブスターは沿岸部では石器時代から消費されていたが、あまり豊富に捕れなくなると、内陸部への輸送に費用がかかるようになったため、富者のステータスシンボルになった。芸術家や小説家が題材に取り上げているのは、ロブスターが消費され、高い価値があった証拠だ。そして、技術革新によってより多くの人々の手が届くものになるまで、ロブスターの消費は限定的なものだった。

第2章◉メインディッシュから大衆市場へ

生のロブスターを炎でさっとあぶれば、ロブスターのたたきの出来上がり！　アフリカ大陸沿岸にいた私たちの遠い親戚が、初めて火というものを知った約190万年前に、そこら中にいるロブスターを焼く方法を見いだしたなら、たぶんこんなやり方だっただろう。

この調理法は簡単だが、先々を見越してロブスターを貯蔵する技術を見つけ出すには、さらなる工夫と時間が必要だった。17世紀イギリスの著述家ジョン・ジョスリンによると、「煙でいぶして乾燥させる」というのは、食料が不足する日々のためにアメリカ先住民が考え出したロブスター保存法だ。1600年代には、イギリス人は茹でた身肉を3カ月近く保存する方法を編み出した。加熱されたロブスターを塩水に浸した布で覆い、海砂を深く掘って埋めるというものだった（一般には、ロブスターを茹でて冷ましたものを食べていた）。

◉創意工夫が人気に拍車をかける

漁業は漁獲量や、政府による「魚の日」の実施の有無――1500年代後半には廃止された――によって浮き沈みが激しかった。新鮮な魚が高価で希少なときでも、裕福なイギリス人は購入していた。だが、貧しい人々は塩漬けの魚やありふれた淡水魚に飽き飽きし、もっと多くの種類の魚介類が食べたいと思うようになった。その思いに刺激を受けた漁業従事者は、ロブスターを含め新鮮な白身の魚をより手頃な価格で市場に流通させる道を探りはじめた。

また、さまざまな創意工夫によっても、ロブスターの需要は増えた。最初の波は早くも1500年代に訪れた。オランダ人が帆船に水槽を取りつけたのだ。C・アン・ウィルソンによると、「船の横幅いっぱいの大きさで、水槽の横には穴が開いていて、水槽内で泳ぐ魚の間を海の水が循環するようになって」おり、クルーズ船のプールのようなものだった。1600年代には、イギリス人はオランダ人の技術を取り入れて水槽のついた「漁船」の船団を組み、ロンドンまでの長い船旅の間、高価な魚介類を生きたまま運搬した。この方法はロブスターでも機能した。もうひとつの戦術は、ロブスターやターボット（ヒラメの一種）を、たとえばイギリス北部の海岸沿いの町タインマウス近くで捕れたもののように、潮だまりで一時的に保存しておき、それからいけす付きの船で生きたままロンドンへ運ぶというものだ。これはいけす付きの船が新世界に登場する１００年以上前のことになる。

　ロブスターはその傷みやすさのために、なかなか日常的に食べるシーフードにはならなかったが、イギリス人はさまざまな保存技術を追求しつづけた。17世紀に富裕層の間で流行したつぼに入った（ポッテド）ロブスターは、フルコースで2番目に出てくる軽めの料理として供された。これは加熱したロブスターの身肉をバターで覆い、陶磁器の一種であるせっ器のつぼ（ポット）に入れて冷たいまま保存したものだ。この調理法は冷たいフィッシュパイをバターで密封したのと同様に1年ほど保存がきくので、ロブスターに限らず保存処理した魚介類を遠く離れた内陸部まで運べるようになった。ポッテド・ロブスターは１７００年代を通して親しまれ、最終的にそのレシピはアメリカにも伝わった。

　英仏海峡のフランス側では、料理法の大改革によってロブスターの消費に弾みがついた。バーバラ・ケッチャム・ウィートンの著書『味覚の歴史——フランスの食文化　中世から革命まで』（辻美樹訳。大修館書店。１９９１年）の書評で、ロナルド・W・トービンは、「１６５０年から１７８９年の間は料理法の最盛期で……それは食材が豊富にあり、料理人の方も向上心にあふれ、特権階級からは地位の維持に役立つよう人目を引くような富の誇示を求められた結果」だと述べている。そして、料理人たちは甲殻類のおかげで、肉を食べな

1868年建造のウィスラーと呼ばれた漁船が、アメリカ、コネチカット州ノアンクの入り江に横倒しになっている。おそらく船倉に作り付けになった海水を入れた水槽に、新鮮なロブスターやその他の魚介類を入れて運んだのだろう。

い日の裕福なキリスト教徒の家庭の食卓に、変化に富んだ料理を並べることができた。

料理人たちは、フランソワ・ピエール・ラ・ヴァレンヌの1651年版『フランスの料理人 *Le Cuisinier francois*』に掲載されたロブスターのレシピを使ったかもしれない。彼の評判、そして広く人気を博した料理本（75年間に30回版を重ねた）は、ヨーロッパの多くの台所に影響を与えた。ラ・ヴァレンヌは、ロブスターは味つけをしたブイヨンで茹で、酢とパセリを添えて供するよう勧めている。さらに上級編では、バター、パセリ、ベル果汁（熟していないブドウの果汁で今日のレモン汁のように使われた）で作ったホワイトソースに卵黄とナツメグ少々を加えたもので、ロブスターの身肉をフリカッセ［クリームソース煮こみ］にするというレシピを提案している。ロブスターの「脚」は付け合わせに使われた。

もしラ・ヴァレンヌの著書が「フランス初の偉大な料理本」の称号を得るなら、ヴァンサン・ラ・シャペルの『現代の料理人 *The Modern Cook*』（1733年）は、ウィートンの言葉を借りれば、料理の専門知識を一般に普及させたことで栄誉を受けるだろう。ラ・シャペルはこの本の1744年度版で、塩水で茹でたあとのロブスターの調理法をいくつか紹介している。茹でたロブスターの冷製にパセリを添えて供するという調理法はとくに目新しいものではない。だが、彼はイタリア語版に、おそらくこれは、グレービーソース、身肉を煮詰めたソース、さらにトリュフを使ったフランス料理の最初の例だと書いている。ラ・シャペルのレシピはこうだ。薄切りにしたロブスターの身肉は、バター、タマネギ、パセリ、マッシュルーム、トリュフとともにシチュー鍋に入れ、グレービーソースとシャンパンで湿らせる。それにコショウ、塩、香草、それに穏やかなニンニクの香りのするリーキに似たネギの白い部分で味つけをし、煮こむ。カリス（仔牛と仔羊のスープを煮詰めたもの）を加えてとろみがついたら、最後にオリーブオイル、レモン汁少々を加える。これでロブスターは、ラ・シャペルが呼ぶところの温かい「ご馳走」となり、テーブルに出るのを待つばかりとなる。彼はロブスターの煮こみ料理（ラグー）を作るときは、ロブスターの殻を砕いたものでスープをとったカリスを使うのを好んだ。

　裕福なフランス人はロブスターのラグーを、上流階級のイギリス人は濃厚なポッテド・ロブスターを味わうことができたが、冒険心にあふれた新世界の同胞は、ソースも調味料も使わずに、ただ茹でただけのロブスターの料理を数多く作った。清教徒たちは耐乏生活を強いられていたが、ロブスター（またはその他のシーフード）をあまり好まず、たまにイギリスからやってくる船がもたらす食べ物を待ちこがれた。だが、１７００年代半ばには、ロブスターを酢漬けにする方法を編み出した。「このあたりではロブスターも豊富に捕れるので、カキとほとんど同じ方法で酢漬けにして、あちこちに送った」と、スウェーデン人の博物学者ペール・カルムは１７５０年の新世界の旅行記に書いている。カルムは活気あふれるニユーヨークの市場で、生きたロブスターを見ていた。

船で東へとこぎ出したイギリス人航海者は、甲殻類の保存について考えていたわけではなかった。しかし、彼らは観察者だった。１７００年代後半、トバイアス・フルノー船長ら探検家は、オーストラリアでイセエビを目にした。１７７３年にフルノーは、イセエビが先住民タスマニアン・アボリジニにとって生命を維持する糧であることを発見した。「『先住民』の家の中央には暖炉があり、そのまわりにはムール貝や真珠色のホタテ貝、イセエビの殻が積まれていた。これらは先住民の主食と思われるが、どこで捕れるのかはわからない」と彼は書いている。世紀の変わり目には、もうひとりの冒険家J・J・H・ラビヤルディエールが、また別のタスマニア島の湾で現地人がロブスターを捕まえるようすを描いている。「女たちはそれぞれかごを持ち、その後ろを同じようにかごを持った娘がついていく。海に突き出た岩場に着くと、女たちは甲殻類を求めてかごを海の底に沈めた」

世界のどこであろうと、ロブスターを見つけたら、料理人はみなどうやってその新鮮さを保つかに苦慮した。イギリス人の料理人もアメリカ人の料理人も、この繊細で腐りやすい甲殻類の購入には気をつけろと忠告された。生きているうちに料理しないと食べるには危険だからだ。17世紀後半と18世紀のイギリスの料理本では、たとえばロブスターのハサミに水を入れて栓をして重さを水増しするなど、魚市場の調達人の悪だくみが暴かれている。大西洋の向こう側では、料理人は品質について忠告を受けた。１７９６年にはアメリア・シモンズが『アメリカの料理本 *American Cookery*』の中で、市場で最も新鮮なロブスターや魚を選ぶ方法をアドバイスしている。

どんな種類も……水から揚げたときが最も新鮮です……陸路を何マイルも運ばれても、良い市場であれば、風味が保たれていることもあります。しかし通常は、生きているものを買うのが一番です。そうでないと、新鮮に見えるよう偽装されている場合があるからです……匂いを嗅いでみれば、新鮮なものとそうでないものはわかります。嗅覚は最も頼りになる指針です。

新鮮なものであっても、ロブスターをおいしく食べるには手を加える必要がある。シーフードにソースをかけてより好ましい味にするのは、イギリスでも植民地でも一般的なやり方だった。とはいえ、ロブスターはソースの材料として使われることが多く、メイン料理の食材になることはまれだった。イギリスの料理作家ハナー・グラスは、『シンプルで簡単に作れる料理法 *The Art of Cookery Made Plain and Easy*』の１７４７年版で、ロブスターのソースとメイン料理両方のレシピを紹介している。イギリスの作家ケイト・コルクハウンの著書

『味覚 *Taste*』（２００７年）によると、グラスはロブスターを「茹でで裂くか、ローストする（現代の基準からするとかなり長く）と良い」としている。加熱したロブスターは、焼いたり炒めたりした他の魚と一緒に、グラス特製のソースに漬けておいたロブスターを含むさまざまなシーフードと混ぜ合わせ、ザルガイ、バター、レモン、カキ、ワインなどを加えて仕上げる。グラスは多数の子供を支援する未亡人で、中流階級向けの気取らない料理本市場で活躍したふたりの女性のうちのひとりだったが、彼女の料理本はつねに版を重ねた。コルクハウンによると、グラスは、自分の読者は「フランス人料理人を雇ったりフランス料理を食べたりする余裕はない」が人をもてなすことを好んでいることを知ったため、「経済的に不自由はないが、普通の市民で……家政婦に料理法を教える重荷から解放されたいと思っている人たち」を対象に本を書いていたという。ロブスターをメイン料理にする一風変わったグラスのレシピは、彼女は知る由もなかったが、まもなく出現する高級フランス料理（オートキュイジーヌ）の先駆けだったと言えるだろう。しかし、グラスは（その死後でも）、アメリカン・ロブスターが途方もない人気の食材となったことには、何の関わりもない。その人気の大部分は、味ではなく技術のたまものなのだ。

◉ロブスター、市場に出る

ヨーロッパと同様に北米でも、ロブスターをいけす付きの船で輸送できるようになったことは、とくに人口が爆発的に増加したニューヨーク市とニューイングランド沿岸でのロブスターの商業利用において重要な役割を果たした。1700年代半ばには、ニューヨークをはじめとする都会の市場の近くに住む人なら誰でも、3ポンド（約1・4キロ）の生きたロブスターを、3セントほどで買うことができた。ロブスター用の漁船は最初にロングアイランド湾で運行を始め、ニューヨークはそのすぐ近くだった。オランダでは1500年代からこの種の船が使われていたので、その地域に移住した多くのオランダ人が、船の改良に貢献したことは想像に難くない。

1800年代になると、ニューヨークの漁師は需要に追いつけなくなった。何千匹ものロブスターを数日以上貯蔵できる設備をもつ仕入れ人は「スマックマン」と呼ばれ、彼らは1820年代初期にはメイン州南部から、1840年代にはメイン州中央部の海岸から、ニューヨークやボストンまでこの甲殻類を運んだ。

初期の魚商人のひとりジョージ・デンプスターは、裕福なロンドンの顧客に氷を使って魚を運んだ。1820年代になるとデンプスターは新型の製氷機を導入し、この費用のかか

エドワード・ウィリアム・クック『ロブスター・ポット、ヴェントナー』（1835年）イギリスのワイト島で漁師が使ったロブスター用のかご。いけす付きの船はこのような漁師からロブスターを買い上げて運んだのだろう。

る事業を運営した。それまでは、ノルウェーやアイスランドの天然氷を、蒸気で動く新しいトロール漁船で運んでいたのだ。トロール船によって魚介類を北海の豊かな漁場からイギリスの漁港へ運ぶのにかかる時間は短縮された。新鮮な状態で運ばれた高品質のスコットランドのサケ――ロブスターではなく――には高い値がついた。安価な氷と鉄道網の改良によって、新鮮な魚や活きのいい甲殻類を、とくに喜んで金を払う人々のために、内陸部の市場に届けることが可能になった。

高い製氷能力と高速のトロール船により、氷が使えるようになったことで、ノルウェーで捕れたロブスターをイギリスで売れるようになった。1年を通して、その小さなハサミは糸で縛られ、海水で湿らせた草を入れた箱に丁寧に詰められた。夏になると、氷を敷きつめた箱に入れて運んだ。

●皿から缶へ

台所での実験を推進したのは、調理技術というより料理の創作力を発揮した結果だった。

1800年代初期になっても、イギリスの料理作家は前世紀と同様、引きつづき中流階級を対象にしてロブスター・ソースのレシピを紹介した。ロブスターは中産階級の食卓において低い地位にあった。当時、魚は肉屋で売られている肉より明らかに下に位置したが、ロブスターはそれよりさらに下位だった。ディナーパーティー用レシピの提案には、いつの時代も好まれるタラの頭やオランダヒラメは含まれていたが、ロブスターは刻んだ身肉を溶かしバターで炒め、魚のだし汁、レモン汁、カキを加えて作るソースぐらいにしか用いられなかった。

チャールズ・ディケンズの妻キャサリン・ディケンズは、1852年の大晩餐会用のメニューに、ロブスターのソースを添えた魚料理を出した。マリア・クラターバック夫人というペンネームで出版された彼女の料理本『ディナーは何にしますか *What Shall We Have for Dinner?*』(1851年)には、どうすれば客人に感銘を与えられるか思い悩む女主人のために、あらゆる機会に使えるメニューやレシピが掲載されている。彼女のメニューにはロンドンの上流中産階級の生活が明確に映し出されており、エビのソース添えロブスターやロブスター・カレーといったメニューを通して、ロブスターの地位が上昇しつつあることがうかがえる。

アメリカの沿岸部では、ロブスターは決して珍しいものではなかった。ニューイングランドの住民は、そこら中にいるロブスターで家族を養うしかなかった。そのため、独創性にあふれる料理人がみなそうしたように、新しい調理法を編みだしたり、さまざまなイギリス料

パリのロワイヤル通りにあるレストラン〈マキシム〉の1896年のメニュー。1800年代にはロブスターはイギリスでもフランスでもメニューに載っていた。

理をアレンジしたりした。多くのレシピは「ソースに加えたり、スカロップト・ロブスター［巻末の「レシピ」参照］やフリカッセ、シチュー、デビルド・ロブスター［巻末の「レシピ」参照］にしたり、スープやビスク［クリームベースのスープ］に入れたり、コロッケを作ったり、ボローバン［薄いパイ生地に肉や魚の煮こみを入れた料理］にしたり、多くの場合サラダにしたり」というようなものだったと、オリバーは書いている。言い換えれば、ほとんどの料理でロブスターとは識別できない状態にしたということだ。

ロブスターのシチューやフリカッセは、18～19世紀のニューイングランドの料理人にとって一般的な料理法だった。どちらの料理も、ロブスターの切り身をクリームや白ワイン、少量の赤トウガラシ、塩、コショウ、ナツメグ、メース［ナツメグの外皮を乾燥させた香辛料］で煮こんだものだ。家庭ではロブスターのパテさえ煮こんだ。いまや高級食材となったロブスターだが、18～19世紀のアメリカの食生活においては、特別な地位を占めていなかったことは明らかである。

1800年代初頭になると、家庭の料理人は時間節約のために、茹でたロブスターを使うのが一般的になっていた。買ってきたロブスターを見栄えよく整え、ソースやサラダを添えるだけでよく、調理済みの食品の中では最も人気があった。もし主婦が殻や脚が付いたままの、まったく傷んでいない活きたロブスターを買ったとしても、2日以内に調理しなければばならなかったからだ。とはいえ家庭の主婦たちは、近代の利便性に富んだ生活が間近に迫っていることを、知る由もなかった。

19世紀への変わり目に起こった一連のヨーロッパの飛躍的な技術革新は、北大西洋で捕れるロブスターに質の向上と安定供給をもたらした。それ以前は、ロブスターはヨーロッパでは富裕層だけしか手に入らなかった。それが変わるきっかけは戦争だった。

交戦中のイギリスとフランスでは、戦闘よりも栄養不良のために、多くの兵士が病気になって戦線を離脱していた。そこで兵士への食料の配給を安定させるために、1795年にフランス政府は上質な保存食の製作者に1万2000フランを提供するというコンテストを開催した。フランス人の料理人ニコラ・アペールは、1803年に食品をびん詰めにする方法を発見したことを公表し、7年後に賞金を獲得した。そしてフランス海軍のために、味の良いシチュー、肉や野菜の料理や飲み物を作り、ガラスのびんに王室海軍は同様の方法で食べ物を補給したが、こちらは鉄製の缶に入れてスズで密封したものだった。1810年にはピーター・デュランドに、鋼鉄にスズをめっきしたブリキ缶に対するイギリスの特許が与えられた。それから約10年後、アペールの手法が『保存法 *The Art of Preserving*』に掲載されてしばらく経ってから、ドンキン・ホールと呼ばれるロンドンの缶詰工場が缶詰の製造を開始した。こうして、ロブスターの缶詰誕生へのお膳立てが整った。

オーストラリアではネイサン・オーグルが、漁業の可能性を大げさに宣伝し、イギリス人に植民地への移住を呼びかけていた。「エビからクジラまで、魚は海岸沿いに無数にいる……ザルガイ、イガイ、カキ、ザリガニ、エビが海岸沿いに山ほどいる」。１８３９年にオーグルが書いた『移民の手引書 *Manual for Immigrants*』を見ると、これが誇張ではないことがわかる。ザリガニやイセエビは豊富に捕れ、十分な食料になっていた。１８４０年代初頭に難破船から遺体を収容するために西オーストラリアの西アブロラス諸島へ行ったグループの鳥類学者、ジョン・ギルバートも「岩礁の海に面した側には穴がたくさんあり、その中に無数のイセエビがいる」と書いている。イセエビは多くの人にとって水産資源のひとつになっていたが、北大西洋のロブスターはこれから十分に活用されようとしていた。

◉爆発的な需要の増大

ロブスターの需要は、ときおり欠陥品の缶詰が爆発するような勢いで増えようとしていた。とくにアメリカのロブスター業界を活気づけることになるのだが、それにはおもにふたつの要因があった。１８３７年には、裕福な旅行者は都会の暑さを避けて海を楽しむために、馬車や貨物スクーナー船でメイン州へ旅をするようになっていた。そしてその旅で、あり余るほど捕れるノースアメリカン・ロブスターをはじめとする新鮮なシーフードと出合った。1滴のしずくがやがて激流になるように、1880年代には10万人の旅行者がメイン州のリゾートホテルを訪れ、クラムベーク、ロブスター・ボイル、海辺でのディナーで大量の甲殻類や魚をむさぼった。新鮮なメイン・ロブスターを口にした人は、ボストンやニューヨーク、フィラデルフィアに戻ったあとも、もう一度味わいたいと思った。

地元民は都会人の侵入に対して複雑な感情を抱いたかもしれないが、ロブスター漁師をはじめあらゆる商売にとっては、間違いなく良い結果をもたらした。蒸気機関車が旅行者を運び、いけす付きの船がロブスターを運ぶことで経済が活性化した。

チャールズ・バーナムらのロブスター漁師は、1800年ごろからかご網を漁で有効に使った。「1870年代には仕入れ人(スマックマン)が8月にメイン州ダマリスコッタからバックナローズまで船で行き、漁師に『重さが3ポンド以上のロブスターは1匹3セント、それ以下のものはすべて2匹で3セント』という取引を申し入れた」と、バーナムの孫チャーリー・ヨークが記録している(ハロルド・バートン・クリフォード『チャーリー・ヨーク：メイン海岸の漁師 *Charlie York: Maine Coast Fisherman*』より)。バーナムと何人かの漁師は、「馬車の車輪から鉄の輪金をはずし、1メートル50センチほどの深さの網を輪金に取りつけ、口のところにロープをつけた」かご網を10個持っていた。おそらく彼らは海岸線近くで、海水が入った樽をいけす代わりに積んだ手こぎ舟に乗って漁をしたのだろう。そして、漁師がロブスターを仕入れ人に売り、仕入れ人がボストンへ運んだと考えられる。「死んだ魚を餌にして、ロブスターをおびき寄せた」とヨークは続けている。「かご網をひとつ海底に沈めると、場所を変えてもうひとつかご網を沈める。そして、1時間待ってから引き上げる。この時代のロブスター漁では、4人の男が2日がかりで漁船をいっぱいにできた」。かご網はたいていロブスターが餌をあさる夜に仕掛けられ、良い匂いのする餌に惹かれたロブスターは、簡単に網を出入りできた。

ロブスター漁の道具は、ヨークの祖父の時代の効率の悪い単純で安価なかご網から、木製の1度入ったら出られない効率のよい罠へと飛躍的に進歩した。この罠は1830年代ごろから採用されていたので、おそらくヨークも使っただろう。この著しい変化によって、ときには人々が求めているより多くのロブスターが捕れるようになった。「ポット」と呼ばれたこの円筒式の木製の罠は、細長い木切れで作られたが1700年代初頭からヨーロピアン・ロブスターを捕まえるのに使われていたオランダの円筒形の罠が元になっていると思われる。この罠によって、ロブスターが逃げる可能性が減り、仕掛けるのも日に一度ですむようになった。これは近代に使われたかご罠のはしりだった。

ロブスターへの要求が急増したのは、情報通の旅行者からだけではなかった。それは缶詰工場である。アメリカの南北戦争が起こり、あらゆる種類の缶詰製品に対する需要が増え、成長と効率性に拍車がかかった。1863年から連邦政府は少量の缶詰製品を購入しはじめたが、その結果缶詰製品の価格が下がり、缶詰で保存された食品が何百万人ものアメリカ人に広まった。缶切りは1858年に発明されていたので、兵士たちが缶詰食品を手にするころには運がよければ缶切りを使うことができたわけだが、たぶんほとんどの兵士は銃剣かポケットナイフ、ライフル、石、ハンマー、ノミを使っていたと思われる。

オーストラリアでイセエビへの需要に火がつくには、旅行者（それに1、2度の戦争）ではなく、恒久的な移民が相次いでやってくることが必要だった。当初、移民はほんの数人しかやってこなかった。1848年ごろ、エドワード・バックは西オーストラリアのフリーマントルで水先案内人として雇われたが、近くのロットネスト島の周囲の海やサンゴ礁に甲殻類がたくさんいるのに気づいた。イセエビは難破船と、それを引き起こす危険な岩礁が大好きだった。おそらく彼が見たのは、西オーストラリアの海でよく見かける種のオーストラリア・イセエビ（学名 Panulirus cygnus）で、しばしばクレイフィッシュ、スパイニー・ロブスター、クローフィッシュ、またはフランス語でラングーストと呼ばれるものだった。

1850年にイギリスから第一陣として1万人の囚人がやってきた。フリーマントルから海へ流れるスワン川のほとりのスワンリバー・コロニーへ到着し、「漁師、魚屋、造船工、

この漁師はロブスターが入ったかごをうまい具合に頭に乗せて運んでいる。フランスのブルターニュ地方では、長年このような光景が見られた。

帆の修理人」のような漁業を構築するのに必要な労働力を提供したと、ハワード・グレイは『オーストラリア・イセエビ *The Western Rock Lobster: Panulirus cygnus*』（１９９２年）に書いている。こうして、ヨーロッパ人の専門知識が北米のロブスター漁にも影響をおよぼしたのと同様に、ヨーロッパ人の流入、なかでも１８００年代後半の移民がきっかけとなり、世界最大と言われるオーストラリアのイセエビ漁業が誕生した。オーストラリアの漁師は、当時はまだかご網を使っていたが、のちに円筒形のポットや、さまざまな構造や素材の餌つきの罠も使うようになった。オーストラリアイセエビ漁を確立するにも時間と資源が必要だったが、それと同様に、イセエビの缶詰製造業が軌道に乗るまでには、粘り強さと関心が必要だった。オーストラリア人は１８７８年から魚の缶詰の製造を開始していたが、ロブスターの缶詰に手を出したのは１９００年代初頭になってからだ。市場があるのは明らかだった。南アフリカでは１８７０年代からロブスターの缶詰の製造を始めていて、とくに第一次世界大戦中は大いに繁栄した。

第二次世界大戦が勃発すると、アメリカ軍の兵士がフリーマントルやパースに駐留し、地元で捕れる甲殻類を好んで食べた。「アメリカの軍人たちはイセエビを熱狂的に求め……高級食材とみなした」とグレイは書いている。さらに１９４３年から45年にかけて「およそ３００万個のイセエビの缶詰が国防軍に提供され、イギリス、マレーシア、シンガポール、

ブラジルのポンタ・グロッサのダイバーのように、イセエビを手づかみで捕らえる者もいる。2003年。

セイロン、それに太平洋の多くの島にいる兵士のもとに届けられた」と付け加えている。ここでふたたび旅行者が、今度は無意識にではあるが、ロブスターの運命に影響を与えることになる。戦争が終わると、世界中のさらに多くの人々がイセエビに関心をもつようになっており、西オーストラリアのジェラルトンにある工場は、1946年には45万5000キロのイセエビを加工した。

1947年には別のジェラルトンの工場が参入し、缶詰ではなく冷凍のイセエビの尾の輸出を始めた。その年の初めには、ゴールデン・グリーム・フィッシュ・プロセッシング・カンパニーが最初のロブスターをイギリスに向けて出荷し、春には毎月9071キロを出荷するようになっていた。

だが、それでもイギリスからの需要の高まりには追いつけなかった。カナダや中東など他の国々もこの製品をほしがり、特にアメリカには、グレイによると「1948年には30万ポンド以上」のロブスターが出荷された。第二次世界大戦後のアメリカ向けの冷凍製品の輸出により、冷凍のイセエビの尾の市場は大きく発展した。イセエビを求める声は高まりつづけた。1949年、ゴールデン・グリーム・フィッシュ・プロセッシング・カンパニーはシンガポールに向けて、実験的に生きたイセエビを輸出した。そして、最近の数十年間では、生きたイセエビに対する需要が増加している。たとえば、日本人は冷凍の尾より生きたイセエビを好む。

効率の良い罠や輸送手段が生まれ、2度の戦争があり、ブリキ缶が普及したことにより、ロブスターは海辺を離れ世界を旅することになった。ロブスターはまだ甲殻類の中で注目の的になっていないが、いつそうなってもおかしくない状態だ。新しいレシピが生まれたら、この美味な甲殻類を世界的な美食の中心へと押し上げることになるだろう。

第3章 ◉ 脚光を浴びるロブスター

ロブスターは1800年代半ばから1900年代半ばにかけて、北米で広範囲にお披露目をすませた。メイン州に休暇を過ごしにやってきた、新鮮なロブスターを買う余裕のある大勢の有閑階級に認識されたうえ、彼らは自宅に戻ったあとも都会のレストランでロブスターを求めるようになった。この時期のレシピには、ロブスターに対する著しい態度の変化が反映されている。この目新しい甲殻類の味をよく知る人々は、旧態依然としたロブスターの味つけ肉やポッテド・ロブスターなど食べる気がしなかった。ロブスターのシチューなどはまだ出されたが、名前は変えてあった。以前はロブスターだとわからなくするためにソースが使われたが、ソースはいまやロブスターの身肉の味を引き立て、うっとりするような高級料理にするために使われた。「茹でるか焼くかしたロブスターをニューバーグソースであえたもの（フリカッセの改良版）や、サラダ、チャウダーなど、ロブスター料理は現代的なものへ一変した」と、キース・ステープリーとキャスリーン・フィッツジェラルドは語っている。

◉ロブスター・サラダとクラムベーク

さまざまなロブスター料理は世界の多くの場所で豊かな生活の象徴となった。たとえばロブスター・サラダは、アメリカでは1800年代から人気があったが、今日では数え切れないほどのバリエーションが生まれている。1833年には、早くもリディア・マリア・チャイルド著『アメリカの質素な主婦 *The American Frugal Housewife*』（1829年）に、赤トウガラシ、タマゴの黄身、マスタード、オイル、酢、塩であえたロブスター1匹分の身肉とレタスを使ったレシピが掲載されている。市場から買ってくるロブスターはチャイルドも新鮮さが第一だと指摘し、新鮮なものを選ぶには、「ロブスターの尾」をつまんで持ち上げたとき、「ピチピチと強く跳ね返る」ものがよいが、一方、「動きが緩慢なら、それは良い兆候ではない」と書いている。イギリスでは15世紀にロブスターを酢とともに供していたが、おそらくロブスター・サラダはそれを元に改良したものだろう。

早くも1851年には、ロブスター・サラダはボストンのポール・リビア［独立戦争時の

ロブスター・ロール。携帯に便利な人気のご馳走で、通常はロブスター・サラダをホットドッグ用のパンに詰めて作る。

英雄」の家のメニューにも加えられた。さらにはヨーロッパの王族や、アンドリュー・ジョンソン第17代大統領のパーティー、ウィリアム・H・タフト第27代大統領のバーモント州での歓迎夕食会で、また、ボストンを訪問したロシア艦隊にも供された。

ロブスター・ロールが考案されると、ロブスターはより携帯しやすいものになった。ロブスター・ロールとは、ホットドッグ用のロールパンにロブスター・サラダをはさんだだけのもので、何かの催しや道路沿いの売店、クラムシャック［安価なシーフードの軽食を出す食堂］やレストランで気軽に食べられる。メイン州海岸地方の昔ながらの食べ方は、ロールパンに冷たいサラダ――ロブスターの身肉とマヨネーズ、さいの目切りにしたセロリをあえたもの――を、パンの横からはみ出すぐらいたっぷりとはさむというものだ。

いまでは、ホットドッグ用ロールパンなしに、ロブスター・サラダを食べるなど想像もできない。このことに関しては、誰よりもバイエルン人のソーセージ売りの行商人アントン・フォイヒトバンガーに感謝しなくてはならない。1904年、彼はパン職人の兄に、ミズーリ州セントルイスで開催されたセントルイス万国博覧会で客が手を汚さずにソーセージを食べられるよう、何か作ってくれないかと懇願した。客に白い手袋を貸してみたが、返ってこないことがしばしばあったからだ。兄はホットドッグ用のパンを作り、その後自然な成り行きとしてロブスター・ロールが誕生した。1929年、コネチカット州ミルフォードでクラムシャックを営むハリー・ペリーが客を喜ばせようと、ロブスター・ロールに新たな工夫を加えてホットロブスター・ロールを考案した。これは温かいロブスターの身肉をバターに浸してからロールパンにはさんだもので、現在もニューイングランド南部で人気がある。

ロブスターベークとクラムベークは、19世紀半ばにニューイングランド地方で始まった。どちらも野外で大勢で楽しむ料理で、たいていは海辺で行なわれる。ロブスターだけ、あるいはクラム［貝類］とロブスターの両方を、皮のついたトウモロコシや、ときには皮の白い

ウィンスロー・ホーマー『海辺のスケッチ　クラムベーク』（木版画。1873年）

ジャガイモと一緒に焼く。ケーキやパン、パイなどを一緒に焼くこともある。これらの焼き方は第1章で述べたように、先住民のやり方に倣っている。しかし今日の歴史家は、最初にやってきたイギリス人入植者が先住民からクラムベークを教えられたわけではないと考えている。入植者にとってロブスターとクラムは飢餓に瀕したときに仕方なく食べるものだったと考えているからだ。『海産物の食生活 *Saltwater Foodways*』（1995年）の著者サンドラ・オリバーは、ビクトリア朝時代のアメリカ人にとって、クラムベークは「初期の入植者と一体感をもち、ニューイングランド独特のアイデンティティーを表現する方法」であり、美化されているとしている。

1800年代後半になると、汽車や船が旅

行者をロードアイランドの海岸へ運んだ。そこでは商業目的のクラムベークが大変な人気になっていた。ロードアイランド州ロッキーポイントでは、1万人近い人々が集まれる場所もあった。クラムベークの人気は南北戦争後に一気に広がり、ついにはピクニックになくてはならないものになった。資金集めや政治集会でも効果的に使われた。また、今日各地で開催されているフードフェスティバルの先駆けでもあった。やがてロブスター付きのクラムベークは沿岸地域の定番料理となり、その人気はもはやニューイングランド地方だけにとどまらない。

フィッシュチャウダーは、今日でもしばしばクラムベークの一部として供されるが、アメリカでは18世紀半ばまでに、生きるための食事というよりは余暇を楽しむための食べ物になっていた。ロブスターなどの甲殻類は、１９００年代初期にはチャウダーのレシピに、しばしば魚の一種として登場していた。シチューは、もともとは多くの国で生きるための食べ物だった。１５００年代から１６００年代にかけてフランスのブルターニュ地方で生まれ、ヨーロッパの漁船団によってカナダ北東部からニューイングランド沿岸地域に広まった。英語の「チャウダー（chowder）」の語源は、おそらく「大釜」という意味のフランス語「chaudière」、あるいは漁師の煮こみ料理「la chaudrée」と考えられる。

ロブスターが生存のための食料から高級フランス料理（オートキュイジーヌ）へ、シンデレラのような変貌を遂げ

ロブスターベーク、メイン州アイルズボロ、1993年。

るには、アメリカではヨーロッパより2、3世紀長くかかった。ヨーロッパは有利なスタートを切った。北米とオーストラリアに入植者が入ったのは後のことだからだ。入手しやすさはロブスターの普及にとって重要な要素になった。ヒルデガード・ホーソンは1916年に姉とともにメイン州ポートランドに旅行したとき、大量のロブスターの輸送を目撃している。ロブスターは漁船からすくい上げられると、ニューヨークへの旅のためにハサミを固定され、たる詰めされる。その光景は、ホーソンの食欲を大いに刺激した。「でも、食べに行きましょう……いますぐ焼いたロブスターを……ニューヨークに着くころには生命を失ってしまうでしょう。ここで食べるべきです」

と書いている。

ニューヨーカーたちは、生命を失っていても気にかけず、改善した輸送手段によって新鮮なまま届けられたロブスターを好み、また支払うだけの金銭的余裕もあった。アメリカにはついに多数の富裕層を含む上流階級が生まれていた。彼らは南北戦争後の産業の急成長で財を成し、その多くはぜいたく三昧を好み金遣いも荒かった。そして、料理本にも彼らが喜びそうな豪華なレシピが掲載された。ファニー・ファーマーは1896年に出版された『ボストン・クッキングスクールの料理本 *Boston Cooking-School Cook Book*』の中で、「ロブスターは甲殻類のなかで最も高級な食材のひとつ」と断言し、簡略にした「ロブスターのニューバーグ風」や「ロブスターのデルモニコ風」をはじめ、最も人気の高い調理法を紹介した。

ロブスターのニューバーグ風（Lobster à la Newberg）は、現在でも大人気のクリーミーな煮こみ料理で、1876年にニューヨークのマジソン・スクエアの「オートキュイジーヌの聖地」と称されたレストラン〈デルモニコス〉で供されて有名になった。オーナーのチャールズ・デルモニコはどうやら、キューバへの航海から帰ったばかりの船長で果物の輸入商ベン・ウェンバーグからこのシーフードの調理法を教えられたらしい。デルモニコはこの料理を気に入って「ロブスターのウェンバーグ風（Lobster à la Wenberg）」と名づけた。ところが、その後ふたりはけんか別れをし、この人気の煮こみ料理はメニューから外されることになった。だが、のちにこの料理は「ロブスターのニューバーグ風」と「ウェン〈Wen〉」のスペルを逆さまに「ニュー〈New〉」にして復活したが、ときどき誤って「Lobster Newburg」と表記された。1880年代までには、ニューヨークのコニーアイランドにあるリゾートホテルで最も人気のあるロブスター料理になり、毎日約1580キロのロブスターが使われたという。

1894年には、〈デルモニコス〉のシェフのひとりチャールズ・ランフォーファーが約1200ページの料理本『美食家 *Epicurean*』で、手間のかかるやや洗練されたレシピを発表した。コニャックとシェリー酒の代わりにマデイラワインを使い、タマゴの黄身を加えてソースにとろみをつけた。短い説明から、調理に必要な時間が察せられる。ロブスターを丸ごと25分間茹で、身肉を澄ましバターで炒めてから、クリームをかけて煮詰める。マデイラワインを入れてさらに蒸し、香辛料を加えて加熱する。そして、供する前にクリームソースを加えて温める。これで繊細なロブスターの風味が残るのだろうか！

フランスの黄金時代、すなわちベル・エポックに生まれたふたつのフランス料理のレシピでも、引きつづき混乱が支配していた。そのひとつロブスターのテルミドールも、上流階級しか口にできない手のこんだ料理で、現在でも特別な日の料理として需要がある。この料理は1894年、フランス人劇作家ヴィクトリアン・サルドゥの「テルミドール」という劇が上演されたのを祝して、パリ市民（パリジャン）が経営する〈メール〉というレストランで考案されたとされる。おそらく、フランス革命の時期に使われていた革命暦の11番目の月にちなみ、深く考えずに名づけたと思われる。一方、この料理は〈カフェ・ド・パリ〉の功績だとする人もいる。最初にレオポルド・ムーリエがこの料理を創作し、後継者が完成して、そのレシピが『ラルース料理大事典』に掲載された。2等分したロブスターの尾の殻に、バター、クリームソース、ハーブ入りソース、イングリッシュ・マスタード、粉チーズであえた身肉を詰め、オーブンでこんがりと焼いたものだ。マッシュルームやトリュフを入れてもよい。

もうひとつの料理は、ロブスターのアメリケーヌ風（à l'Américaine）だ。誰が創作したのかは現在でもはっきりしていない。功績を争うのは、アメリカ人の客にちなんで名づけたパリジャンのレストラン経営者と、プロバンスの無名の料理人（料理人兼レストラン経営者シャルル・オーギュスト・エスコフィエの後援のもと）、それにフランスのブルターニュ地方だ。『ラルース料理大事典』の著者は、このレシピはブルターニュ地方のもので、正しい名称は「アルモリケーヌ風（à l'Armoricaine）」だが、誤ってアメリケーヌ風（à l'Américaine）と転写されたと主張した。ロブスターがプロバンス地方とブルターニュ地方で、同じ方法で調理されていたことは十分ありえる（「アルモリカ（Armorica）」はフランス北西部の古称）。その起源はどうであれ、この料理もまたロブスターを尾の殻に盛りつける。生の

この豪華なロブスター・テルミドールは、レタスを敷きつめた上に盛りつけられている。

身肉をオリーブオイルでソテーし、トマトなど火を通した野菜の上に載せ、香草入りの白ワインのソースと魚のスープ、ブランデー、カイエンヌペッパーをかけて蒸す。残ったソースをロブスターのミソ、バター、カイエンヌペッパー、レモン汁と混ぜてロブスターにかけ、パセリを散らす。

『地中海の魚介類 *Mediterranean Seafood*』（1972年）の著者アラン・デイビッドソンは、アメリケーヌかアルモリケーヌのどちらかが正しいという議論を一蹴した。しかしながら彼自身は、この料理は材料からして間違いなく地中海に起源があると示唆した。その代わり、彼は「誰もが認める」プロバンス地方のイセエビ料理のレシピを提供した。それは加熱した身肉を、エシャロット、アンチョビ、フレンチマスター

1900年代の一風変わったオマールエビのアメリケーヌ風。ロブスターのアメリケーヌ風とも呼ばれる。

ド、パセリ、ニンニク、レモン汁、オリーブオイルで作ったソースに浸すというものだ。デイビッドソンによると、ギリシャ人とトルコ人は、冷たいロブスターにレモン汁、オリーブオイル、パセリで作ったドレッシングをかけて供するそうだ。

インド・太平洋地域で捕れるイセエビは、多くの人からホマルス属のロブスターと同じくらい美味だと考えられている。イセエビには、もし料理本が何らかの指標になるとすれば、多数の支持者がいる。デイビッドソンはまた『東南アジアの魚介類 *Seafood of South-East Asia*』（1977年）という詳細な手引き書の著者でもあり、その中には多くのアジアのイセエビとそのレシピが掲載されている。ベトナムでよく目にするニシキエビ（学名 Panulirus ornatus）については、美しいが食用にするにはさほど美味ではないと書く一方で、クリーム・イセエビ（学名 P. polyphagus）をはじめ、他のイセエビのレシピは提示している。彼はイセエビは優れた食材であると考え、手作りのマヨネーズ、少量のドリアン（マレーシアの果物）、さいの目に切った新鮮なパイナップルとあえ、冷たくしたものに少量の黒コショウをふり、パイナップルの皮に盛りつけて供するというレシピを考案した。デイビッドソンはセミエビの身肉を使ったレシピも示し、「美味な……イセエビの基準に達しているとは言えない」が、カニやエビの一般的なレシピで調理したら、間違いなく「食べる価値はある」と書いている。

ハサミのあるロブスターとハサミのないロブスターは、『ラルース料理大事典』に載っているロブスターのパリジェンヌ風のレシピなどでは、しばしば区別なく使われている。この美味な甲殻類のレシピは多い。『ラルース料理大事典』には、イセエビの注目すべき調理法がふたつ掲載されている。ひとつはスペイン版のもので、アーモンド、シナモンチョコレート、ヘーゼルナッツ、赤ピーマンで風味をつけたトマトソースに、無糖チョコレートを加えたものだ。もうひとつは中国料理のレシピで、チャイブ、タマネギ、生ショウガを加えてゴマ油でキツネ色になるまで炒める。中国南部の人々は、昔からロブスターの目利きだ。広東料理にはロブスターを使った繊細なメニューがある。ロブスターとそのソースを、下味をつけた豚ひき肉、みじん切りにした薬味、溶きタマゴと混ぜ合わせたものだ。ロブスターのスープは多くの国で人気があるが、南アフリカでは茹でたイセエビの尾を、バター、クリーム、ニンニク、レモンの皮、ナツメグ、タマネギ、トマト、白ワインで作ったスープに加える。

料理でも美術館に展示されたものでも、ロブスターはその人気によって偶像的な存在になった。この甲殻類は有名な児童小説『不思議の国のアリス』（１８６５年）にも登場し、ロブスターの罠は、ニューヨーク近代美術館に展示されているアレクサンダー・カルダーのモビール作品『ロブスターの罠と魚の尾』（１９３９年）の中でつるされている。また、１９７０年のシュールで悪夢のような日本映画『ゲゾラ・ガニメ・カメーバ　決戦！　南

サー・ジョン・テニエル『ロブスター』この木版画はルイス・キャロル著『不思議の国のアリス』（1865年）の挿絵に使われた。

海の大怪獣』には、巨大なロブスターの突然変異体(ミュータント)が登場する。

◉ロブスター・フェスティバル

世界中の先住民は寄り集まって貝塚を残した。現代人はまた別のやり方でこの海の甲殻類を愛でごみの山を作り出すだろうが、化石を残すことはないだろう。ロブスター・フェスティバルは、アフリカ、アメリカ、オーストラリア、カナダなど世界各地で開催されている。ナミビアの大西洋に面した港町リューデリッツでは、2008年に第1回イセエビ・フェスティバルが催された。

カナダのニューブランズウィック州シェディアックでは、1949年から毎年シェディアック・ロブスター・フェスティバルが開かれている。自ら「世界のロブスターの中心地」と称し、また、世界最大のロブスター彫刻の拠点と評されている。アメリカのメイン州はシンボルであるアメリカン・ロブスターを祝福するイベントを、海岸の中心にある漁業の町ロックランドの海辺で5日間にわたって開催する。作家で随筆家のデヴィッド・フォスター・ウォレスはこの町を「メイン州のロブスター産業の神経幹」と呼んだ。このイベントは、2008年には約6万人の来場者を集めた。「世界最大のロブスター調理器」を使って約

90トンもある彫刻『ジャイアント・ロブスター』は、カナダのニューブランズウィック州シェディアックにあり、この町では1949年から毎年ロブスター・フェスティバルが開催されてきた。

ビニールの胸当ては、茹でたノースアメリカン・ロブスターに付いてくる標準的な装備である。

8500キロのロブスターが茹でられ、シンプルな形で食される。来場者には、バターがなみなみと入ったカップに軸付きトウモロコシ1本、それに金属製の殻割り器とプラスチック製のつまようじ、胸当てと使い捨てウェットタオルが渡される。シンプルな食べ方以外にもロブスターは、ビスクやダンプリング［団子または餃子のようなもの］、サラダ、ラビオリ、ロール、ターンオーバー［詰め物を載せて折りたたんだパイ］にも変身する。ところが、これらのフェスティバルの成功をよそに、北米のロブスター産業を脅(おびや)かす問題が明るみに出た。

◉ロブスターのまがい物

偽ブランドのハンドバッグや時計と同様に、ロブスターもまがい物をつかまされる恐れがあるが、それを見るのに地元の露天商へ行く必要はない。最近まで、カリフォルニアに拠点を置くアメリカのレストランチェーン〈ルビオズ・フレッシュ・メキシカン・グリル〉で目にすることができた。〈ルビオズ〉では「ロブスター・ブリトー」や「ロブスター・タコス」に真のロブスターではなく、ランゴスティノを使っていた。

「何と呼ぼうと『スクワット』はロブスターではない」これはある新聞の見出しだ。ランゴスティノは、「スクワット・ロブスター」、「ツナ（ペラジック）・レッド・クラブ」とも呼ば

ウィル・F・フィリップス『ロブスターは誰？』（1899年）

れるが、そもそもロブスターではない。エビの仲間でもない。ヤドカリやカニダマシ［カニに似た外見の甲殻類］のいとこに当たり、本物のカニの遠い親戚になる（ランゴスティノはスペイン語でエビという意味だが、さまざまなコシオリエビ科の甲殻類を指すのに使われる）。では、なぜアメリカのレストランは、ランゴスティノを「ロブスター」と称しても、罪に問われないのだろうか。それは、スクワット・ロブスターのうち、本物のロブスターではないけれども、4種だけは「ランゴスティノ・ロブスター」という呼称を使うことを食品医薬品局（FDA）が法的に認めているからだ。このことで、アメリカでは混乱が増すだけですんだが、世界的には物知りの食通を困惑させるだけにとどまらなかった。

ここで、この入り組んだ名前と定義づけを確認しておこう。ランゴスティノは、ハサミのある真のロブスターであるラングスティーヌ（学名 Nephrops norvegicus、他にもいくつか呼び名がある）と間違われやすい。これはイセエビではないが、フランスでは「ラングスト」［フランス語で「イセエビ」の意］と呼ばれている。カリブ海のいくつかの島とキューバでは、ランゴスティノは淡水ザリガニを指す。スクワット・ロブスターは世界中に９００種以上もいるが、その中で商業的に価値ある数種は、チリ、エルサルバドル、ニュージーランド（なかでも東部太平洋）とヨーロッパの沖合に生息している。

示談が成立した後、〈ルビオズ〉では料理の名前を「ランゴスティノ・ロブスター・ブリトー」に変えた。やがて〈ルビオス〉ではこの料理を出すのはやめたようだが、いくつかのシーフード・チェーン店では、真のロブスターの代わりにランゴスティノという名前を使いつづけている。たとえば、ファストフード・レストランの〈ロング・ジョン・シルバーズ〉で定期的に提供されるメニュー「バタード・ロブスター・バイツ」には、風味を増し、歯ごたえを良くし、濃厚な味わいにするために多くの食品添加物を加えたランゴスティノ・ロブスターのフライが含まれる。

混乱に乗じ、「ロブスター」の名をかたってまがい物を売ろうとするのは、何もレストランチェーンに限ったことではない。ＦＤＡはアメリカの企業に、もはやシーフード製品に対して「模倣品」の表示を求めなくなったため、本物のロブスターの定義はさらにあいまいになり、結果として「ロブスター風味のシーフード」の存在を認めることになった。たとえば、シアトルに拠点を置くトライデント・シーフーズ・コーポレーション（ルイス・ケンプ社傘下）が作った「ロブスター・ディライツ」という商品が販売されている。ウェブサイトの説明によると、「マイルドなロブスター味のプリプリした、ジューシーな切り身」だ。おもに天然物のスケトウダラを原料とし、「ロブスターの身肉は……2パーセント以下」で「人工的なロブスターの風味」が添加されている。「マイルド」とは、ずいぶん控えめな表現である。この会社は意図的に、ロブスターの手頃な値段の代替品としてこれを提供しているのだ。また、「スリミ」（魚肉を成形したもの）は日本では何世紀も前から使われ、正規の食品とみなされている。スケトウダラなど白身の魚を細かくして混ぜ合わせ、ロブスターの身肉や他の魚介類（カニの脚、ホタテ、エビなど）に似た外見と味に仕上げる。北米ではシーフードの模倣品と考えられていて、製造業者はスリミをオレンジ色に塗って、ロブスターそっくりの商品を作る。これを口にするとき、すべての人がスリミだと認識しているわけではないが、このシーフードのまがいものを、北米の市場や、低価格のレストランのキャセロール、サラダ、スープで目にすることは珍しいことではない。模倣品が作られるということはおそらく、ロブスターにとって最大の賛辞なのだろう。

このようにしてロブスターのお披露目は終わり、コピー商品が現われるほど大成功をおさめた。ロブスターの人気と有用性はとどまるところを知らず、数々の料理が生み出された。私たちはそれらの料理を味わい、ときにはよりぜいたくなレシピの起源について議論を楽しむ。ロブスターのアメリケーヌ風を創作したのはパリジャンのシェフか、それとも無名のブルターニュ人の料理人かという問題に決着をつけることはできないだろう。しかし、パーティーを脅かす最近の論争と比べたら、この問題などたいしたことではない。

第4章◉ロブスターをめぐる論争

「ロブスターは魚か？」ニューファンドランド島の漁業権をめぐるイギリスとフランスの紛争の中心には、この疑問が存在する。というより、そもそもこの疑問が紛争に発展したと言ったほうがいいだろう。この紛争が始まったのは、1800年代後半。北米北東部沿岸地域ではロブスターの缶詰工業が活況を呈していたが、この引く手あまたの甲殻類はまもなく絶滅の危機を迎えるだろうという予測が最高潮に達したときだ。

ロブスターを魚だと考えると、フランス人に漁業権を与えるという英仏間の条約の適用を受けるが、魚でないなら漁業の運営は違法に当たる。しかし、これも解決されない多くの領土問題をめぐる衝突の一例にすぎず、ニューファンドランドとフランスの双方ががさまざまな申し立てをして妨害したため、国際仲裁委員会は結論を出すことができなかった。だが、ひとつだけ明らかになったことがある。1902年当時の動物学者の総意は、ロブスターは魚類ではなく、海産動物であるというものだった。

1902年の『ニューヨーク・タイムズ』紙によると、フランス人博物学者兼動物学者のジョルジュ・キュビエ（1769〜1832年）は紛争の本質を捉えていたといえるだろう。あるとき彼はひとりの学生に、「ロブスターとは何であるか」と尋ねた。

「後ろ向きに歩く赤い魚です」と学生は答えた。

「その通りだ」とキュビエ。「ただし、つぎの3点を除けばだが。ロブスターは魚ではないし、赤くもない。後ろ向きには歩かない」

ロブスターの世界は論争であふれている。漁業領域に関して、ロブスターは魚かどうかに関して、この大昔から存在する甲殻類が痛みを感じるかどうかに関して、そして、人道的に取り扱う方法に関して。ロブスター漁師の個人的な争いや違反は、とくに自分の漁場を守るための秘密があることを考えると、当然起こることだろう。しかし、ロブスター産業と漁業が変化するにつれ、論争の形態も変化した。国民の監視のもと、国を巻きこむものになったのだ。

世界各地で見かけるイセエビはおもに暖水域に生息するが、さまざまな環境に適応できる。これはヨーロッパ・イセエビで、地中海と南西ヨーロッパに生息している。

◉ロブスター戦争

1963年、「ロブスター戦争」として知られる紛争が、フランスとブラジルの間で表面化した。これはブラジルの沖合の漁場をめぐるもので、ここでもロブスターは魚かどうかがカギを握った。両国は、大陸棚のブラジル側で豊富に捕れる甲殻類をめぐって争った。そこは1958年のジュネーブ海洋法四条約によって、天然資源が大陸棚の下にあろうと上にあろうと、すべての国に権利があると定められている。しかしながら、この条約には「甲殻類あるいは遊泳性の種」は明示的に含まれていない。フランスのブルターニュ人も北部ブラジル人も、経済上の理由からロブスターを必要としていた。
フランス人は、ロブスターは大陸棚の上あるいは下でじっとしているわけではなく、泳ぎ回っている魚に類似していると主張した。ブラジル人は、ロブスターは大陸棚の上を這っているだけだと反論した。最初は小競り合いだったが、１９６２年１月には危機的状況に発展した。ブラジル当局が数隻のフランスの漁船を拿捕し、ブルターニュのロブスター漁師に、漁をやめて海岸から１００キロ以上退去するよう命じたのだ。名高いブラジル海軍の艦隊に包囲された漁師を警護するために、フランスは軍艦タルトゥを派遣した。ロブスター用の特別な水槽を付けたトロール船は、フランスのブルターニュ半島にある軍港ブレストへ戻ったが、論争は続き、両陣営は派遣団と大使を帰国させた。最終的に両国とも大使を派遣して交渉を再開したが、直接もめ事を解決しようとはしなかった。

世界中のロブスター漁師が競って最も豊かな漁場を求めるため、おそらく今後ももめ事は続くだろう。ロブスターの数が減少し、より高機能の貯蔵設備や優れた航海装置が出現したことが、国際的な競争や紛争が激化するきっかけとなった。

◉文化の相違

ロブスター漁の縄張りに関して論争があるのと同様に、個々のロブスターの取り扱いをめぐる議論も起こっている。たとえば、生きたロブスターをサシミにして供したり、ロブスターを生きたまま茹でたりすることのように、ある社会では容認された慣習と考えられていることが、べつの社会では拷問とみなされることがある。ロブスターが痛みを感じるかどうかは、近年ヒートアップしている――場合によっては沸騰している――争点だ。

日本人の料理人が生きた伊勢エビをサシミにしている動画が、ＹｏｕＴｕｂｅに投稿されている。生きたシーフードをサシミにするのは、この料理人にとっては名誉なことのようだ。高い技術を使って調理するため、伊勢エビは死なずにテーブルに到着し、客はこの上なく新鮮で、巧妙に調理された料理を味わう。「生の、あるいは完全に火が通っていないロブスターを食べても、まったく害はありません。伊勢エビを薄くスライスした見事なサシミが証明します」と、料理人のリック・ステインはシーフード料理本の中で述べている。西洋人の一部や動物の権利擁護者にとって、料理人が身をよじらせている伊勢エビの尾から胴体をもぎ取り、ピチピチはねている尾の身肉を素早く取りはずしてスライスし、皿の上に載せた殻に丁寧に並べるようすは残酷としか思えない。

日本の料理人はさまざまなイセエビの調理法を編み出した。

ロブスターを茹でるときは高さのあるアルミニウムの鍋を使うのが世界共通のやり方だ。塩水で茹でるのがよい。

煮えたぎる湯が入った銀の鍋に、生きたロブスターを沈めるやり方は最も残酷だといえるが、伝統的な方法として現在も世界中で行なわれている。ロブスターは淡水では生きられないため、鍋の水に塩を入れなかったらすぐ溺死するが、塩を入れると死ぬまでに数秒長くかかる。これをたいしたことではないと思う人もいれば、身の毛がよだつほど残酷に感じる人もいる。生きたロブスターの調理に不快さと難しさを感じるのは、私たちにとって気詰まりな問題を反映しているからだ。それは、人間は食べ物を殺して食べて生きているという事実だ。著作家のトレバー・コーソンは「われわれは、食べ物が死に際して安らかであることを望んでいる」と書いている。あるいは、せめてそのプロセスにおいて、苦痛を感じないように願っているのだ。

◉ロブスターは痛みを感じるか？

「彼らを寒さから守るためにフランネルの上着を」と、カナダのニューファンドランド島の市場で「氷の上に並べられ」ている売り物の生きたロブスターを見た「心優しいアメリカ女性たち」は求めた。そのために魚屋は「新聞に書きたてられてつかの間の悪名」を馳せることになったと、１９０２年の『ニューヨーク・タイムズ』紙の記事にある。また、ロブスターを生きたまま茹でるのは、当時はまだ「あまり知られていない」調理法だったようで、ときには「むごたらしい場面を見て悲鳴を上げる」女性もいたと報告されている。

１９３０年のベルリン裁判所の判例には、さらに深刻な公判記録が出ている。ドイツ人の大佐が、ロブスターのハサミをひもで縛って店舗のショーウィンドウに並べていた魚屋に異議を申し立てたのだ。ハルーン・アル・ラシード・ベイ大佐は、勲章を授けられた空軍パイロットで、「トルコ人家庭の養子になったためにトルコ人になった」人物だ。大佐はロブスターの扱いに激怒し、これは拷問だと考えた。「私は最高のドイツ人命救助勲章の保持者だ。だが、私にとっては苦しんでいる人間に救いの手を差し伸べるのも、動物に差し伸べるのも等しい関心事なのだ」と彼は申し立てた。魚屋は公判中に何人もの専門家と対峙したが、その中にはベルリン水族館の館長や生物学の教授も含まれていた。予想外のことではなかったが、その教授は「ロブスターに感情があるかどうか、また、苦痛を感じるかどうかを明言するのは困難だ。それはロブスターにしかわからない」と証言した。水族館の館長は「ロブスターには感情がある」と断言し、魚屋の扱いは残酷だと述べた。意外なことに、法廷は館長と大佐に賛同した。魚屋は6ポンド（10ドル）の罰金を科されたが、魚屋には自分がロブスターを拷問していると自覚することは不可能だったと考えられ、処分保留ということになった。

マサチューセッツ動物虐待防止協会は、1930年代の小冊子でひんぱんにロブスターの扱いについて不服を述べているが、裁判所は「ロブスターは人間のように苦痛を感じるには、その神経構造においてきわめて下等な生物」のため、立件を拒否したと説明している。

ロブスターの神経系は痛みを感じられるほど複雑か――これは今日においても論争の中心にある疑問だ。アメリカ人作家デヴィッド・フォスター・ウォレスは、ロブスターを「巨大な海の昆虫」と呼び、「昆虫、クモ、甲殻類、ムカデ類」を含むより大きな種（あるいは門）に属していると指摘している。つまり、私たちは昆虫を殺すことを憂慮しているだろうかということだ。カナダのクリアウォーター・シーフーズ・リミテッド・パートナーシップ社の

カラフルなイセエビが、十脚甲殻類に属することを示すように、10本の脚で海底を誇らしげに歩いている。

ウェブサイトには、ロブスターは「バッタの神経系と同様のきわめて原始的な神経系」をもち、「生息地の範囲内のきわめて基本的な刺激」にしか反応できないとある。クリアウォーター・シーフーズ社は、ロブスターは熱湯に放り込まれるとほぼ即死状態になると述べ、尾が1分間ほどピクピク動くのは「不随意筋収縮」にすぎないという研究結果も提示している。ロブスターと昆虫の類似性は、メイン大学の動物学と獣医学教授でロブスター研究所事務局長のロバート・ベイヤー博士からも支持されている。「ロブスターには脳がない」とベイヤーは言う。「つまり、痛みを処理する心理的ソフトウェアがない」。ロブスターは温度変化を感じ、環境の変化に反応する。し

ロブスターのホテル？　クリアウォーター・シーフーズ・リミテッド・パートナーシップ社はロブスター用のユニークな保存システムを開発した。

かし、神経細胞が少なく、その数はわずか10万ニューロンほどだ（人間は約10億ニューロン）。ロブスターを熱湯で茹でることが人道的かどうかという質問を受けた研究所は甲殻類の神経系を調査した。そして、痛みを感じるのはもっと複雑な神経系をもつ生命体だけであると、クリアウォーター・シーフーズ社の見解に賛同した。

反対意見をもつ科学者たちは、ロブスターの神経系はもっと精巧で、苦痛を感じられると主張する。その根拠として、同じ甲殻類であるヤドカリに対し、殻に取りつけた針金から腹部へ微小な電気ショックを与えるとどのように反応するかを調査した２００９年の研究を引用した。この研究は、アイルランドのベルファストにあるクイーンズ大学の動物行動学教授ボブ・エルウッドが行なったもので、『ブリティッシュ・ジャーナル・オブ・アニマル・ビヘイビア』誌に掲載された。エルウッド教授は２００７年にエビでも同様の調査をしており、ヤドカリの場合も電気ショックを認識し、その殻から出て新しい殻へ移ったのを目撃している。エルウッド教授はこの行動は単純な反射反応ではなく、哺乳類の疼痛反応［痛みや刺激によって引き起こされる反応］と同様のものと考えている。「脊椎動物に対しては、私たちは慎重すぎるくらい慎重になるよう求められるが、これらの甲殻類に対するアプローチも同様にすべきだと考える」。ロブスターは海から食卓へと移動する間に痛みや苦しみを感じるかについては論争が続くが、クリアウォーター・シーフーズ社は、また別の懸念を抱えている。

クリアウォーター・シーフーズ社は、ロブスターが顧客に届くまでに痩せ細るのを何とかして避けたいと考えてきた。世界中に輸送するロブスターの質にこだわり万全を期すためにロブスターが元気を取り戻して旅を続けられるよう、ケンタッキー州のルイビル国際空港の近くにロブスターの回復施設を建設した。もしロブスターがストレスを感じるなら、苦痛(ディストレス)を感じないということがあるだろうか？

●世界的な共感の高まり

アメリカの自然食品小売業者ホールフーズ・マーケットは、生きたロブスターが顧客の元に届くまでの人道的な扱いに関心をもち、2005年に調達、在庫管理、販売、配送などの各段階を評価するチームを発足させた。そして、クリアウォーター・シーフーズ社と提携し、ロブスターの単身用集合住宅を考案した。ポリ塩化ビニールのパイプを組み合わせて、店内の水槽の中に数カ月間の貯蔵に耐えられるよう特別に設計されたロブスターの個屋を作ったのだ。だが1年後に、アメリカで260店舗以上、イギリスで5店舗を展開するホールフーズ・マーケットは、何をしてもこの甲殻類の人道的な扱いへの関心が満たされないと

カナダのノバ・スコシア州の陸地にある3つの保存施設のひとつで、ロブスターが個別のロブスター用引き出しで冬眠している。ここにいる甲殻類は弱ることなく最長6カ月間生きる。

わかり（そしておそらく動物保護団体をなだめられなかったために）、生きたロブスターの輸送を中止した。また、カナダとアメリカで約１７００店舗を展開する伝統あるスーパーマーケットのセイフウェイも、売り上げ減少のために手を引いた。大規模な小売業者が生きたロブスターの輸送を打ち切る傾向の中で、家庭で調理するために生のロブスターを見つけるのは困難になっていった。だが、すべてが失われたわけではない。ホールフーズ・マーケットは、冷凍の生のロブスターの尾や加熱済みの身肉をパック詰めして販売している。

メイン州ロブスター販売促進協議会の２００５年の調査によると、アメリカ人の回答者の64パーセントが、使いやすくパック詰めされた加熱済みの身肉や調理されたものを購入することが多いと答えた。だが、生きたロブスターを調理することに倫理的に反対する人々や組織が存在し、ロブスターは世界においても議論の多い動物の権利保護の領域で注目を集めた、最初の無脊椎動物となった。

女優のメアリー・タイラー・ムーアは、カリフォルニアのレストラン〈グラッドストーンズ〉で1匹のロブスターの命を救おうとした。水槽の中にいる65歳、７・26キロのロブスターに１０００ドルを支払おうとしたが、店側は受け取らなかった。「ロブスターを食べるなんてとんでもないことです」と、ムーアは１９９５年に、メイン州の新聞『ロックランド』に掲載された広告で主張している。この広告は、ムーアと国際的な団体「動物の倫理的扱いを求める人々の会」（ＰＥＴＡ）がメイン・ロブスター・フェスティバルに対して抗議したものだ。「もし自分で生きた豚や鶏を熱湯に放りこまないといけないとしたら、食べる人はほとんどいないでしょう。それなら、ロブスターも同じではないでしょうか」（レストランはロブスターをペットとして飼うことを決めた）。ロブスターの調理法については、ブリジット・バルドーからサー・ポール・マッカートニーまで、他の有名人も怒りの声を発した。

ロブスターが痛みを感じるかどうかについては、動物愛護法の対象にロブスターも含めることを検討したオーストラリア、イギリス、カナダ、イタリア、ニュージーランド、ノルウェー、スコットランドといった国々への共感が世界的に高まりつつある。研究で否定的な結果が出たとしてもこの流れは変わらないだろう。カナダは世界最大のロブスターの漁場のひとつだが、２００３年にロブスターを茹でることを犯罪とする動物愛護法の改正を検討した。だがこれまでのところ、ロブスターを法律による保護の対象としたのは、ニュージーランド、オーストラリアのいくつかの州、イタリアのひとつの都市だけのようだ。１９７９年にオーストラリアのニューサウスウェールズ州で成立した動物虐待防止法は、レストランのようなロブスターが消費目的で料理される場所しか対象としていない。ニュージーランドでは２０００年に、ロブスターを「動物」とみなす動物愛護法が制定され、非人道的にロブスターを殺すことは違法行為となった。イタリアの都市レッジョ・エミリアの町議会議員はロブスターを生きたまま茹でることを「無用な責め苦」と呼び、２００４年に禁止された。こうした市民レベルの禁止令がいくつも制定されたことが評価され、イタリアは同じ年にＰＥＴＡから「最も進歩的な国」に選ばれた。

動物の保護を目指す団体は世界各地に存在する。動物虐待に反対するイギリスの組織シェルフィッシュ・ネットワークの究極の目的はロブスターを食べることを不法行為とすることで、２００４年に甲殻類の法的保護案を草起し提案した。それには罠にとりつける生分解性脱出パネルや輸送中に用いる個別のチューブなど、罠で捕獲されてから食卓に出されるまで、甲殻類の苦痛を軽減するための具体的な措置が含まれていた。イギリスの環境・食糧・農村地域特別委員会への提案は却下された。その理由はシェルフィッシュ・ネットワークによると、調査からロブスターが苦痛を感じることが明らかになっていないことと、すべての無脊椎動物を対象にするわけではなく、ロブスターだけを法案に含めるのは難しいというものだった。ロブスター解放戦線（ＬＬＦ）をはじめとする他の抗議者は、違法な手段を選んだ。ＬＬＦはリーダーのいない秘密の活動家グループで、２００４年にロブスターを捕獲するための装置を壊したり、ロブスターを海へ解放したりする活動を開始した。現在もまれにイギリス、イタリア、スコットランド、スウェーデン、トルコでロブスター漁の装置を破壊し解放する活動を続け、それを『バイト・バック』誌［動物保護活動家の機関誌］に記録

国際的な組織「動物の倫理的扱いを求める人々の会」(PETA)は、ロブスターは痛みを感じると信じ、ロブスターを殺したり食べたりすることに反対している。また、ロブスターを安全に海に放すための方法も提案している。

している。

ノルウェー人は、ロブスターや他の無脊椎動物が人間によって処理されるときに苦痛を感じるかどうかを大いに憂慮し、ノルウェー食の安全科学委員会に特別報告を要求した。委員会は文献を再検討した上で、「無脊椎動物の大部分の種はおそらく痛み、ストレス、不快を感じることはできない」という結論を2005年に出し、茹でられる間の鍋の中を引っかいたり大きく跳ねたりといった荒々しい動きを、「侵害刺激への反応」とみなした。そして、この疑問に対する答えを明らかにするのは困難であると告げ、さらなる調査を推奨した。

他の動物に権利を与えたことが、さらに議論をあおることになった。2008年にスペインで初めて類人猿に対し、殺されない、拷問を受けない、虐待されないといった生命と自由を守る権利を与えられた。その理由を理解することは、それほど大きな想像力の飛躍ではない。何といっても類人猿は、生物学上人類の最も近い親戚に当たるのだから。一方で、なぜ甲殻類が法的に保護されるべきかを理解することは、一部の人々にとってはかなり高いハードルとなる。それでも、動物の権利を擁護する団体や法律の制定が増えていることからもわかるように、ますます多くの人がこの飛躍を遂げている。この動きによって、たとえば、思いやりをもって育てられた風味豊かな有機栽培食品を食べようという「倫理的食生活者（エシカル・イーター）」といった新しい集団が生まれた。

ロブスターは実際のところ、自分で漁をしない人間が日常的に自分で殺して食べることがほとんどない食品だ。夕食を作って食べる人は自分を猟師とも漁師とも思っていないし、食材をすべて自分で殺して用意しようとも思っていない。生ガキの殻をこじあけてそのまま食べたり、もっと小さい甲殻類を台所で茹でたりすることはあるだろうが。ロブスターは大声で鳴く鶏のようなものだろう。料理するときには、それがどれほど活動的で、どのような反応をするかを目の当たりにするのだ。

どうすればロブスターを人道的に殺すことができるかは最も難しい問題のひとつだが、多くの人々が19世紀の改革者に共鳴し、代替手段を掲げて挑んでいった。

第5章◉人道的な殺し方と調理法

1977年公開のアカデミー賞受賞のアメリカ映画『アニー・ホール』は、家庭でロブスターを調理しようとするときの典型的な悪夢が描かれている。生きたロブスターが床にころがり落ちる。1匹が逃走して冷蔵庫の後ろに隠れてしまったとき、アニーが夢見たディナーは頓挫（とんざ）した。すると、監督兼共同脚本家のウッディ・アレン演じる恋人が皮肉っぽく軽口をたたく。「バターソースの皿をクルミ割り器で押しこんだら、向こう側から逃げ出してくるんじゃないかな」。明らかに、生きたロブスターの調理は怖がり屋さんには向かない。だが、自宅の台所でこんな災難を避けるのは、たいして難しいことではない。目下の最大の難問は、この甲殻類を家庭でどうやって人道的に調理するかということだ。冷やす、殺す、焼く、蒸すなどおなじみの方法からスタンガンを使う方法まで、さまざまある。

世界中で人々は生きたロブスターを買っているが、その調理法の数と同じくらい、息の根を止める方法はある。ひとりの男性の「ロブスターの殺し方」を知りたいなら、第4章に登場した著作家トレバー・コーソンのブログ［現在は存在しない］が参考になる。そこで彼は、写真とナレーションの両方で、ナイフを使ったロブスターの殺し方を示している。彼は人道的に処理する前に15分ほど冷凍庫でロブスターを冷やすようアドバイスしているが、これは繊細な作業で、料理人がケガをする危険があると警告している。胴体を裏返しにして、よく切れるナイフで胴体から頭まで甲皮を縦に二分割する。後ろ脚と尾が動いても心配はいらない。ロブスターはすでに死んでいる。そして、すぐに調理に取りかかろう。元ロブスター漁師でもあるコーソンは、ロブスターと料理人の双方のストレスを考慮している。だが、これはロブスター愛好者のひとつの意見にすぎない。

◉冷却する

よりダイレクトな方法を好むロブスター研究家が、少なくともひとりいる。ロバート・ベイヤー博士はロブスターを半時間ほど冷やしたあと、塩気のない熱湯が入った大きな鍋の中へ放りこむことを推奨している。塩を入れないのは、塩と水の最適な割合が不明だからだ。それから、15～20分加熱する。もちろん、手に入る場合は真水ではなく海水を使おう。「独

ロブスターは、このようなイセエビの尾も含め、グリルで焼くと最高に美味だ。

特の風味」がロブスターに加わる。ベイヤーは1976年ごろからアメリカン・ロブスターを研究しているが、彼は茹でる前にロブスターを殺さない。殺してから茹でても何か違いがあるとは思えないからだ。だが、多くの人がロブスターの調理を恐れていることは認識している。

湯に入れてから尾がピクピク動くのは1分間ほどだ。この動きがロブスターを調理する際の最も悩ましいところだ。家で肉類を料理するとき、普通は筋肉は動いたりしない。ベイヤーが尾がけいれんする時間を短縮する方法を見つけようと決意したのは、人を不安に陥れるこの動きのためだった。1987年に発足した産学協同の研究会も、この問題に関心をもった。ベイヤーと部下の研究者たちは、さまざまな方法を詳細に検討した結果、ロブスターは熱湯に放りこまれる前に、冷凍庫や氷の上で冷却すると、動きが最小限になることを突きとめた（警告：ロブスターは氷のてっぺんに置くこと。さもないと塩気のない氷が溶けた水で溺死してしまう）。ロブスターは冷やされると麻痺状態になり、鍋に放りこまれたことを温度が変化したくらいにしか感じないとベイヤーは確信し、ロブスターを15〜30分間、時折ようすを見ながら家庭の冷凍庫で、不活発になるまで冷やすことを奨励している。

調理のトラウマを軽減するもうひとつの方法は、ベイヤーによると、ロブスターを真水に入れることだ。この方法でロブスターは実際には溺死するのだが、まるで眠りに落ちるように見える。また、胴体部分の殻、つまり甲皮をなでるという方法もある。胴体のまん中から後ろの方へなでると「催眠術がかかる」というのだ。しかしベイヤーによると、熱湯に入れたら「前と変わらぬほどバタバタと暴れる」らしい。冷却すると神経系が破壊されるので、ロブスターは短時間で死にいたるとベイヤーは説明する。それでも、ロブスターを数秒以内に死なせるには、ロブスターが十分かぶるほどのグラグラ煮え立つ湯を用意しよう。

ロブスター協会のウェブサイトにも、ロブスターを茹でるためのアドバイスがある。高さのある鍋に塩水（95リットルの水に塩を10ミリリットル、または約1リットルの水に塩を大さじ2杯の割合）、または海水を約4分の3用意しよう。ロブスター1匹に対し水が約2・5リットル必要だ。ロブスターを湯に入れたら、ふたをしてもう一度沸騰させる。沸騰を保つところまで火を弱め、殻の固いロブスターなら約15分（450～570グラムのもの）から20分（750グラムまでのもの）沸騰した状態を続ける。殻の柔らかいロブスターなら茹でる時間は3分短くする。

茹でたり生で食べたりするときに、甲殻類が痛みや苦しみを感じると思うなら、オーストラリア動物虐待防止王立協会（RSPCAオーストラリア）のアドバイスに従おう。協会によると、ロブスターを冷却して麻痺したようになるまでにかかる時間は、個体差や条件によって異なるが、尾や胴体に触れて簡単に動かせるようになれば、意識がないと思っていいそうだ。ロブスターの神経系は分散型なので、ナイフを頭部に突き刺す方法はレストランや勇敢な家庭の料理人はときたま行なうが、RSPCAは勧めていない。ナイフを使うなら胴体を尾まで縦にまっぷたつにした方がロブスターの神経をすばやく破壊できるので、RSPCAはコーソンに賛同している。ロブスターの調理においてRSPCAは、生きているロブスターを食べる、真水または熱湯に放りこむ、胴体を切断する（たとえ冷やした後でも尾を切り落としたり、体の一部を切り取ったりする）など、受け入れがたい方法が数多く存在することを指摘している。海岸でロブスターを蒸すなど、もってのほかだ。

では、悩めるロブスター料理人はどうすればよいのだろう。生き物を殺す苦悩を軽減するために、ロブスターを説得して鍋の中へ飛びこんでもらうのか？　あきらめてレストランへ行くのが嫌なら、こうした方法のどれかを試してみれば、ロブスターの痛みと苦しみを軽減できるだろう。

◉料理人が知っておくべきこと

ロブスターを最もおいしく食べる調理法を探している人は、ボストンの料理人ジャスパー・ホワイトの意見を参考にするとよい。彼は、海水を使うと「海の甘みを含んだ塩気」が生成されるというベイヤーの意見に賛同している。また、ロブスターを調理する鍋は大きめのものを使うことを信条としている。ホワイトは『家庭でのロブスター調理法 *Lobster at Home*』（1998年）の著者で、アメリカで最高の料理人のひとりだ。そして、この甲殻類の本質を理解した上で、ロブスターを茹でるより蒸す方法を勧めている。彼の意見によると、ロブスターの身肉は蒸気でゆっくり加熱するほうがやわらかく仕上がり、風味も損なわれないそうだ。蒸気では身肉の風味は薄まらないからだろう。

イギリスの料理人リック・ステインは、ロブスターを冷却して殺す方法に対し、まったく異なった見方をしている。料理本『リック・ステインの完璧なシーフード *Rick Stein's Complete Seafood*』（2008年）では、ロブスターに痛みを感じさせないで殺すには、あらか

このような道具を使ってアメリカン・ロブスターのハサミに防御用のゴムバンドを巻く。メイン州モンヒガン島にて。

じめ2時間冷凍庫に入れ、それから濃い塩水（4・5リットルの水に150グラムまたは½カップの塩）で茹でるとよいとしている。ロブスターを鍋に入れたあと、湯を再沸騰させ、750グラムのロブスターで15分、1・25キロのロブスターなら20分加熱する。

調理前にロブスターを冷凍庫に入れるというアイデアを最初に思いついた人物は不明だが、この方法を提案している『ラルース料理大事典』には、動物の福祉のための英国大学連合からインスピレーションを得たと書かれている。また、『ラルース料理大事典』はもうひとつ秘策を提供している。前掲のものよりさらに多量の塩水の熱湯（ロブスター1匹に4・5リットル）にロブスターを頭を下にして入れ、木のスプーンで押さえながら約2分間茹でるというものだ。

すでに死んでいるロブスターを買ってきて調理して食べようとしているなら、再考してほしい。カニ、ハマグリ、ロブスター、ムール貝、カキなど、どんな貝や甲殻類でも、すでに死んでいるものを調理することがあることも、この際忘れてほしい。ロブスターは死の直後から消化酵素によって腐敗が始まる。だから、味のことを考えるなら、生きたロブスターを調理するのが一番だ。もし生きたロブスターを調理することに不安を感じるとか、多忙だというのなら、調理済みか冷凍のものを買い求めるとよい。もし調理済みのロブスターを買って、その身肉が「やわらかく、ぼやけた味」がしたら、死んでから調理されたものだとステインは警告している。

さて、家で生きたロブスターを調理することを選択したとしよう。まず、調理する予定の日に、信頼できる店から活きのいい個体を購入することが肝要だ。ジャスパー・ホワイトが海岸の近くに住んでいる理由は、わかりきったことだが、漁船、ロブスター協同組合、海のそばの会社から直接、新鮮なものを確実に入手できるからだ。だが、ほとんどの人がロブスターをはじめ甲殻類を目にすることができるのは、シーフードマーケットの人工的に塩と酸素を加えた水槽の中だけだ。この条件では、ロブスターは急速に本来の美質を失ってしまう。ならばせめて、ロブスターがたくさん並ぶ賑わいのある市場を探すとよい。ホワイトは、スーパーマーケットはこうした甲殻類を入手するための最後の選択肢だと言っている。なぜなら、一般にスーパーマーケットは、新鮮で回転率の高い魚介類を販売することに重点を置いていないからだ。売り場の水槽にロブスターが詰めこまれ、水が濁っていて、藻が生え、そのうえ死んだロブスターまでいたら、「肉売り場へ移動して……ロブスターはまたの機会にする」か、宅配で注文した方がいいと、彼はアドバイスしている。

活きのいいロブスターは、水から引き上げると活発に動き、ハサミを振ったり、尾を跳ね上げたりする。もちろん、このようなロブスターは息の根を止めるのがより難しい。だが、触角が短いものや藻がついているもの、尾に元気がないもの、ハサミがだらんとしているも

アメリカン・ロブスターはメイン・ロブスターというニックネームでも呼ばれ、危険だが美味な1対のハサミをもつ。

のは避けるべきだ。アメリカン・ロブスターのハサミがゴムバンドや木釘で留められているのは気にしなくていい。それで味が悪くなることはないし、その方が料理人にとっても、一緒に買ったロブスターにとっても安全だ（ロブスターは共食いをするので、夕食の相手を食べようとするかもしれない）。

ホワイトは、最も殻の固いロブスターを買うことを奨励している。また、ロブスターを持ち上げてそっと振ってみて、「カタカタ」と音がするかどうか確認することを勧めている。音がしたら、それは殻が柔らかいロブスターで、望ましい身肉が詰まったロブスターではない。そして、大きさより質を取るように料理人を戒めている。最も美味なのは2・25キロまでのロブスターだと言われているからだ。アメリカでは、ロブスターはサイズ別に名前がついている。最もよく出回っているのは、重さが約500グラムで体長約8センチ（目の下から甲皮の先端まで）の「チキン・ロブスター」で、愛称は「チックス」。たいてい7～8歳で、すでに25回ほど脱皮している。最も高価なものは重量750グラムから1・25キロで、「セレクト・ロブスター」と呼ばれ引く手あまただ。そして、1・25キロ以上のものは「ジャンボ・ロブスター」と呼ばれる。ハサミが欠けている「見切り品」は、通常安価で売られているので、ロブスターの身肉だけを使う料理に最適だ。将来もずっとロブスターを食べつづけたいと思うなら、アメリカの法律で定められた約500グラムに満たない「規格外」

のもの、メスのロブスターならタマゴをもっている（タマゴは尾か腹部の下側についている）もの、尾がV字に切れている（メスを意味する）もの、それに5ポンド（約2・3キロ）以上のものは買ってはいけない。これらは繁殖用に必要なのだ。

ロブスターを水から引き上げたあと、とくにその日に調理しない場合、どれくらい生かしておけるだろう。一般には、1日か2日だ。ホワイトの見解では、貯蔵に最適な条件のもとで、元気がいいものなら3〜5日間生きているが、弱いものはその日のうちに死んでしまう。ベイヤーは脱皮の段階によると言う。勧めてはいないが、彼は年齢が高めの殻の固いロブスターを、冷蔵庫で2週間保存することもあるそうだ。一方で、まだ若くて殻の柔らかいロブスターなら1日もつかどうかで、それは酸素運搬色素のためである（殻の柔らかいロブスターは水分から効率よく酸素を取りこめない）。また、貯蔵方法にも左右される。ベイヤーは、できれば海水で湿らせた新聞紙かペーパータオルで包み、冷蔵庫に入れることを勧めている（急を要するときは、水道水で十分ではあるが）。『新しい台所の科学 *The New Kitchen Science*』（2003年）の著者ハワード・ヒルマンは、ロブスターはエラについた水分から酸素を取りこむことができるので、約10℃に保って、できれば濡らした海藻の上に置くとよいと書いている。ヒルマンによると、保存してから1〜2日で甘みを含んだ風味は薄れていくそうだ。また、ベイヤーは匂いを嗅いでみることを勧めている。新鮮なものなら強い匂いは

カナダ人のロブスター漁師がロブスターのハサミに釘を打ちこんでいる。ノバ・スコシア州ケープジョン、1930年代。木釘はゴムバンドに取って代わられるまで使われていた。

しない。強い匂いがする場合は新鮮ではないので、食べない方がいいだろう。

アメリカン・ロブスターでは、最も身肉が取りにくい部分が最も美味である。ふたつのハサミは最大の防御用武器で、ロブスターはこれを使って滑らかで薄い殻を守る。大きい方のクラッシャーと呼ばれるハサミなら、敵や他の甲殻類を押しつぶすことができる。小さい方の操作しやすいハサミは、ペンチ、リッパー、カッターと呼ばれる。こちらは食べ物をロブスターの口の大きさに合うよう裂いて小さくする。尾やかなり筋肉質な腹部には、引き締まった味の良い身肉が詰まっている。敵に襲われるとロブスターはこの筋肉を使って、秒速5メートルという記録的な速度で岩の割れ目へ逃げこむことができる。腹部の空洞や10本の脚には少量だが風味豊かな身肉が詰まっているが、食通でも見落とすことが多い（腹部にあるひだのような部分はエラで、食べられないので避けよう）。

他の動物と同様に、ロブスターにも臓器があり、変わった名前がついているものもある。「トマリー」は最も重要な部位のひとつで、その濃厚さを味わったり、風味豊かなソースにしたりする。だが、うまみはしばしば代償を伴う。腹部の空洞にあるこのドロリとした緑の物質は肝（レバー）とも呼ばれ、重金属やＰＣＢ、残留農薬などの環境有害物質のフィルター兼貯蔵センターの役割を果たしている。肝臓、膵臓、消化管を合わせたような器官なのだ。こうした有害物質に加えて、赤潮に含まれるある種のプランクトンにより、それを餌とした甲殻類の体内

大きい方のハサミ（左）は「クラッシャー」と呼ばれ、大きな歯が付いている。もうひとつは「ピンサー（またはカッター）」（右）と呼ばれ、小さめの鋭い歯が付いている。

に麻痺性貝毒（ＰＳＰ）を蓄積させることがある。最近では２００８年に、アメリカの政府機関である食品医薬品局（ＦＤＡ）がアトランティック・ロブスターのトマリーから高濃度のＰＳＰを検出したが、ロブスターの身肉には通常は影響しないという健康警告文を出した。もしドロリとした緑色の物体を食べずにすむ言い訳を探しているなら、これを使うといい。

魚卵（メスのロブスターだけがもつ）は、加熱したときの色からコーラルと呼ばれることもあるが、これもソースやスープに入れると強い風味が加わるため珍重される。赤みがかったピンク色で固かったら茹ですぎだ。これまでのところ、この珍味に対して警告は出ていない。コーラルは胴体から尾にかけて付いている。胃袋はあまり食べないが、有毒ではない。アメリカン・ロブスターを茹でると、ロブスターの中と茹でた湯の中に、白いねばねばしたかたまりが現われる。これはロブスターの血だ。食べられるが、あまりおいしくない。ただしバターに浸すと――こうすれば何でもおいしくなるが――それなりにおいしく食べられる。

青、黒、茶色、緑、紫など、もとがどんな色であれ、ロブスターは加熱すると赤く、正確には赤みがかったオレンジ色に変わる（白いロブスターは別だ）。調理の熱によって、殻に含まれる黄色がかった赤いカロチンに似た色素が放出されるからだ。

その比類ない風味のよさの他にも、ロブスターの身肉を食べるべき理由はたくさんある。

アトランティック・ロブスターはバターやソースを使わずに食べたら、皮を取った鶏肉や牛の赤身肉、ポーチドエッグよりカロリー、コレステロール、脂肪が少なく、体に良いさまざまなビタミンやミネラルを含んでいる。

◉レストランのやり方

ロブスターについてここまで考えてくると、他の人が殺したロブスターを――おそらくはレストランで――食べようと決めていたとしても、どうやってこの仕事を実行するか知りたいのではないだろうか。1999年にニュージーランド政府は、レストランや小売業者がイセエビをどうやって殺しているかを明らかにしようとして、動物心理学者のネビル・グレゴリー博士に意見を求めた。博士は30年にわたり、動物のスタニング［電気ショックや打撃によって気絶させること］や屠殺（とさつ）の実態を調査していて、当時ニュージーランドの食肉産業研究所（ＭＩＲＩＮＺ）の科学部門主任を務めていた。現在はロンドン大学王立獣医科校科学部門の主任教官である。彼の結論は、イセエビは冷却すべきということだが、ベイヤー博士と唯一意見が異なるのは、調理する前に息の根を止めるべきだということだ。

グレゴリー博士はイセエビがどのように息の根を止められているかを明らかにするために、

ニュージーランドのレストランや小売店を調査した。そして、少なくとも8つの方法が使われ、その中のふたつは組み合わせて使われることが多いことがわかった。その方法には、生きたまま茹でる、胸部に釘を打ちつける、凍死させる、水道水で溺死させる、両眼の間に釘を打ちつける、胴体を縦にふたつに割る、腹部（あるいは尾）を切り落とすなど、中世の拷問マニュアルから抜け出してきたようなものも含まれている。

グレゴリー博士はアジアのレストランの処理方法にも言及している。さまざまな方法で冷却したり、頭や胸部、尾に釘を打ちこんだりするが、ほとんどの場合、頭から尾まで縦に割り、胴体の殻を使って身肉を盛りつける。他には茹でたり、真水で溺死させたりする方法もとられる。

ほとんどの方法は、この言葉がこのような原始的な生物にふさわしいとすればだが、人道的とは言えない。溺死などとんでもない。尾を切り落としたり、胸部に釘を刺したりする方法でも、即座に意識を失わせることはできない。非人道的であるだけでなく、茹でたり、溺死させたり、冷凍したりすると、肉質が変化して身がかみ切れなくなったり、コシがなくなったり、見た目も悪くなる。人道的でしかも肉質を損なわない方法は、基本的にはコーソンの方法だ。すなわち、冷蔵庫か冷凍庫で2〜4℃に冷やすか、塩水で作った氷の上に反応がなくなるまで置いておく（かかる時間は個体の大きさによる）。この方法では、神経機能や

クルスタスタンと呼ばれる装置は1台約2500ポンドで販売されている。この装置は、110ボルトの電流でロブスターを½秒以内に気絶させ、5〜10秒以内に死に至らしめることができる。いくつかの動物愛護団体がこの装置を勧めている。

代謝活動は低下するが、身肉の質には影響しない。ロブスターを調理する前に完全に、人道的に息の根を止めるには、頭から尾まで縦に割って胴体の神経中枢を破壊するにしろ、頭に釘を打ちこんで主要神経節を壊すにしろ――どちらもある程度の技術が必要だが――冷却した直後が最も適している。グレゴリー博士によると、冷やし、殺し、焼くというシステムを使えば、ロブスターの身肉の劣化は避けられるそうだ。

◉ロブスター処理マシン

ふたつの装置が発明され、手を汚さずにロブスターを殺し、人道的に身肉を取り出すことができるようになった。その装置とは、「クルスタスタン」と「ビッグマザーシュッカー」だ。だが、ひとつだけ難点がある。どちらも平均的な家庭に置くには大きすぎるし、高価すぎる。それでも、正しい方向に向かって一歩前進したことは間違いない。

シャーロット&サイモン・バックヘイブン夫妻はともに法廷弁護士で、甲殻類が生きたまま茹でられることを知った20年ほど前から、再三ロブスターを食べるのをやめようと訴えてきた。このイギリス人夫妻はロブスター、カニ、ザリガニを人道的に殺す方法を模索し、ブリストル大学の科学者と協力してクルスタスタンという装置（見た目は水槽）を考案した。

これは、まず甲殻類を強打して気絶させ、それから110ボルトの電流を5〜10秒流して神経系を破壊するというものだ。いまではレストランや魚屋の店員はこの装置のボタンを押すだけで、ロブスターがストレスホルモンを放出するまえに殺すことができ、しかもロブスターの風味と食感は保つことができる。

ビッグマザーシュッカーの重さは36トン以上ある。2階建ての機械で、高圧水を使って、約2秒でロブスターの息の根を止める。同時に身肉を殻から浮かせるので、あとは手ではずすことができる。この機械は、シュックス・メイン・ロブスター社の工場の台所で使われていて、アメリカのワシントン州とスウェーデンにあるアビュア・テクノロジー社が製作した。新鮮な天然のメイン・ロブスターを生のまま真空包装し、ふたたび加圧処理することで低温殺菌して、約9日間保存が可能になる。シュックス・メイン・ロブスター社は風味と食感を派手に宣伝して、使いやすく処理したロブスターの身肉を他の食品サービス提供業者やアメリカの食料品店に出荷している。

目の前の現実を直視しよう。問題は家庭でロブスターを調理することだ。だが、こうして専門家の意見を参考にすると、調理において明確な段階があることがわかる。まず、ロブスターを冷却し、頭から尾まで縦に割って息の根を止め（または凍死させ）、それから塩水を使って茹でるか蒸すかする。ただ、家庭で調理することを選択してもしなくても、冷凍のロブスターがいつでも食料品店や通信販売で、あるいはレストランでは調理済みのものが手に入る。だが、いつもそういったものを買うことを選択していたら、ロブスターを食べるという概念はどうなってしまうだろう。ロブスターのハサミを割る作業を、缶詰を開けたり、ビニール袋に入った身肉をレンジで温めたりする作業ですませていると、私たちは摂取する食品と、その元の姿とのつながりを失うという危機に瀕することになるだろう。

第6章◉ロブスターの未来

ダイヤモンド・ジム・ブレイディは一度の食事でロブスターを6、7匹も平らげたという。食欲旺盛、それに高価な宝石を身につけていたことで有名な大富豪で、海辺のディナーではロブスターだけでなく「目の前に置かれたものは、6人前でも7人前でも完食した」という。これが真実かどうかは別にして、ブレイディはアメリカの「金メッキ時代最高の大食漢」で、胴回りがそれを証明していた。とくに好んだのは、19世紀後半のニューヨークで富裕層を引きつけ、「当世のロブスターの宮殿」と呼ばれたロブスター専門の高価でぜいたくなレストラン〈レクターズ〉での食事だった。「カキを4人前ほど食べおえたら……いよいよロブスターのアメリケーヌ風を出す頃合いでした」と、オーナーのジョージ・レクターは言っている。彼は店で一番大きなチェーフィングディッシュ［金属皿の下に加熱器具がついたもの］でブレイディに料理を供した。「レシピにロブスター1匹と書いてあるところは、ダイヤモンド・

ジム用に2匹使いました。食材はすべて2倍使ったのです」。当時は世紀の変わり目で、東海岸の缶詰工場からの大量の需要がロブスター漁師にプレッシャーをかけていた。ロブスターの値段は上昇していたが、好き放題できる裕福な人々しか味わえなかった新鮮なロブスターを、ブレイディはあっという間に平らげた。

１９０２年の『ニューヨーク・タイムズ』紙の記事は、ホマルス属のロブスターの全滅を予測している。前年にはニューファンドランド島の約１４４０の缶詰工場から３万３０００ケースの缶詰が世界中に出荷された。約４５０グラムのロブスターの缶詰が１ケースに48個、これには９００万匹以上のロブスターが使われ、約40万ドルに値する。地元民のために捕獲されたものを含めると、１９０１年にニューファンドランド島で捕獲されたロブスターは推定で１２００万匹におよんだ。その上、メイン州には23の缶詰工場があった。この新聞記者は、無頓着な缶詰業者からの際限のない需要と規制の違反とが相まって、ロブスターの絶滅に拍車をかけると予測した。最終的には供給が減少しさらなる規制が加わったため、缶詰業者は廃業に追いこまれ、ロブスターの数は19世紀の終わりまでに回復した。

今世紀の初めには、カナダとアメリカでかなりの量のロブスターが捕獲でき、回復という見通しを裏づけた。大西洋沿岸ではもはや巨大なロブスターを目にすることはないだろうが、重要なのは大きさではなく、質と価格である。ハサミのある種もない種も、世界のロブスタ

カナダのノバ・スコシア州ピクトゥにあるフレッド・マギー缶詰工場。地元では「マギーのロブスター工場」と呼ばれ、女性たちがロブスターの殻から身肉を取り出す作業をしている。1930年代。

ー産業はいまや年間数十億ドルのビジネスになり、北米はその大半を占めている。大西洋の漁獲高だけでも驚くべきものだ。2008年には2大漁場のカナダは5万5000メートルトン以上、金額にして3億ポンド以上、アメリカは約4万2000メートルトン、金額にして2億4000万ポンドを捕獲した。アメリカの州の中で最大のロブスター漁場であるメイン州は、2006年に空前の漁獲量に到達し、2008年には約3万1000メートルトン、金額にして約1億4400万ポンドを記録した。2006〜2007年に、オーストラリアのイセエビ漁獲量は1万3698メートルトン、金額にして24万ポンドに達した。

このような厖大(ぼうだい)な数字もさることながら、多数の成熟した繁殖用のロブスターが捕獲されて食用に使われているために、この順応性に富む種の長期にわたる持続可能性への懸念も高まっている。残念ながら、正確にロブスターの個体数を計測する方法は、捕獲された個体の数――水揚げ数とも呼ばれる――から推測するしかない。歴史を通して見ると、記録的な豊漁があったとしても将来は楽観できない。将来の不漁の前兆かもしれないのだ。次に記すことを手がかりに考えてみてほしい。そして、予測不能で説明もつかない、ロブスターのふたつの悲劇を検討してみよう。

1999年9月、ロングアイランド湾で悲惨なロブスターの大量死が発生し、記録的大漁に沸いていた6000万ポンド規模の産業を破壊した。大きな原因は気温だったという。ハリケーン・フロイドの余波を受け海水温が上昇し、海の生物に必要な酸素を奪った。だが、ロブスター保護委員会の科学研究員で創立者のダイアン・F・コーワンは、この悲劇には他にも原因があるのではないかと考えた。そもそも乱獲によりロブスターの個体数が激減していたこと、ハリケーンによる豪雨で湾の水があふれ出したこと、最近蚊の殺虫剤の使用量が増えたことで多量の有害廃棄物が流れこんだのではないかと示唆した。また、湾に廃棄される下水の量が徐々にではあるが着実に増加し、産業活動により海水温が上昇し、パイプラインが敷設されて健全な繁殖が困難になったことで、湾はロブスターにとって棲みにくい環境になっていた。ロブスターに必要なのは「水……酸素をたっぷり含み、冷たくて、比較的汚染されていない水」だと、2006年の『ニューヨーク・タイムズ』紙の記事でコーワンは述べている。そして、この悲劇はいとも簡単にふたたび起こる可能性があると警告した。乱獲と同時進行の環境の変化に、ロブスターは耐えることができるだろうか。

2003年、カナダの最も豊かなロブスター漁場のひとつであるノーサンバーランド海峡で、ロブスターの漁獲量は過去30年で最低のレベルに落ちこんだ。このロブスターの生息に適した海域は、ニューブランズウィック州、ノバ・スコシア州、プリンスエドワード島の間にある。ゆるやかだった減少が突然加速した原因は明らかになっていないが（幸いなことに、マサチューセッツ州ケープコッドから北では、激減したのはここだけだった）、ロブスター漁師はふざけて「ダイア（悲惨な）海峡」に改名すべきだと言った。生物学者によると、これはロブスターにとって正常なサイクルかもしれないが、そうでなければ、漁師が意図せずに産卵直前のメスを捕獲したためだという。その他の理由には、産業汚染や海水温の上昇といったよく議論に上るものも含まれている。測深機や動力揚網機などの最新式の装置や、減少が始まった1980年代に使われるようになった大きくて性能のよい罠のせいだと言う者もいる。また、ロブスターの生息地を荒らすホタテ貝漁師や、夏期の密漁者のせいにする者もいる。

◉ロブスターを保護するための規制

ロブスターの密漁者は存在し、実際に逮捕されている。2007年12月、カナダのフォーチュンに住むウェイン・ミラーは、尾にV字の切れ目があるメスのロブスター5匹を所持していたことで2500ドルの罰金を科された。このロブスターは漁師が尾のヒレの部分を細長い三角形に切り取ったもので、繁殖に適した個体であることを示し、間違って捕獲されないようにしている。ミラーは繁殖用の個体を捕獲して罰せられた4名のうちのひとりだった。

ロブスターの漁獲量が激減した原因は数多くあるが、ミラーのような無法者の存在もそのひとつだ。いかがわしい捕獲者は、腹部（普通は尾と呼ばれる）からタマゴをこすり落とした「スクラブ」と呼ばれるメスのロブスターや、最小限度より小さい「規格外」のロブスターを売る。法律で定められた漁の境界を越えてロブスターを捕獲し、闇市場で売る者もいる。闇市場で取引されるロブスターは年間の漁獲量に計上できず、持続可能性への努力を台無しにする。

カナダは、殻の固いアトランティック・ロブスター（生きたものも加工されたものも）の世界の供給量の半分以上を担っている。相手国はアメリカ、オーストラリア、ベトナムなど55カ国で、この十億ドル規模のシーフードの輸出を維持したいと願っている。

1870年代、カナダとアメリカは捕獲してよい最小の甲皮サイズを法律で定めることでロブスター業界への規制を開始した。甲皮は「ボディ」と呼ばれる部分で、真ちゅう製の測定機器を使い、ロブスターの眼窩（がんか）から甲皮が「尾」つまり腹部に達する点までを測る。最小サイズを最初に設定したのはカナダだが、現在では漁場ごとに最小サイズは異なる（カナダでは影響力のある缶詰業界への配慮のため、他の国より小さいサイズも許可されている）。メイン州はカナダより1年遅れて規制を開始したが、今日メイン州が法律で定めたサイズは

ロブスターのタマゴはメスの尾の部分に、セメント腺から分泌される糸状の粘液でくっついている。タマゴは小さなラズベリーの実ほどの大きさで、そこから「タマゴをもったメス（ベリード）」という言葉が生まれた。タマゴが孵化するには約9カ月かかる。

メイン州のロブスター漁師が真ちゅう製の測定機器を使ってロブスターが最小サイズに達しているか確認している。ロブスターは眼窩から尾の根元までを測る。最小サイズはアメリカとカナダで異なる。

体長83ミリで、アメリカのほとんどの州で同じサイズになっている。北米では最小限度はどこも同じだが、この規制に関し議論が続いている。ロブスターが成熟して子孫を残せるように、科学者がもう少し最小限度を上げるよう提言しているのだ。甲皮の最大限度も種の保存のために科学者が支持している基準だが、幅広い支持を獲得しているとは言えない。例外はメイン州で、１９３３年にこの基準を施行した。カナダの一部でも施行されているが、アメリカではいまのところすべての州があとに続いているわけではない。今日メイン州の法律で定められた最大限度は１２７ミリだ。

両国ともタマゴをもっている、あるいは産卵期のメスの保護は無条件で支持しており、そのようなメスの捕獲は違法とされている。カナダではまだ任意だが、アメリカでは前述のメスには、繁殖力のあるメスだとすぐわかるようリリースする前に尾にV字の切りこみを入れることが定められている。この方法は１９９０年にアイルランドで始まり他国に広がった。また、禁漁期間を決める、罠の規格を定める、漁船の数、免許、罠を制限するなど、別の方法を使ってロブスター漁を規制する国もある。１８８０年代後半にアメリカの著名なロブスター生物学者フランシス・ホウバート・ヘーリックは、「甲殻類の王」の存続のために、こうした科学的根拠のある対策の多くをその著書で紹介した。

管理されていようがいまいが、ロブスター漁が非効率的なことは周知の事実で、ある意味それで乱獲が防げているとも言える。罠を仕掛けることも潜水して捕獲することも、あまり生産的とは言えない。規格より小さいロブスターは、罠に取りつけが定められている脱出用ハッチから逃げることができるが、実際のところそこから逃げられるのは小さいロブスターだけではない。食べられるサイズの個体も、一般の入り口を通って這って出入りすることができ、このようすが録画されている。そして、いったん罠に入ると、ロブスターは餌を守ろうとして、入ってこようとする他のロブスターを追い払う。思いがけないことに、この習性によってひとつの罠にかかるロブスターの数が制限されている。

メイン州の手つかずの洞穴には、海底の罠とつながった色とりどりのロブスター用のブイが絵画的に散らばって浮かんでいて、定番の絵はがきのような眺めだ。だが、ロブスターの漁場となっている海底はどんなことになっているか想像してほしい。何人かの専門家によると、メイン州の沖には250万個のロブスター用の罠が沈んでいるということだ。そう考えると、絵はがきのような眺めも違って見えるかもしれない。

ロブスター漁師は、ロブスターの価格の急落と餌代や燃料費の急騰というプレッシャーを感じながら、新たな圧力にも直面している。絶滅危惧種のタイセイヨウセミクジラの保護を目的とした環境保護主義者からの圧力だ。罠の数を減らすよう要請されたり、クジラがからむのを防ぐため、海底の罠どうしをつなぐシンキングロープ［多層よりのフラット型ロープ］

のような新しい装置の使用を求められたりもしているようだ。海底が罠だらけでも、交通管理をするわけにもいかない。

◉ロブスターを絶滅から救う

ロブスターの養殖ができれば、野生のロブスターは多少安堵できるかもしれない。しかし、養殖のロブスターが食卓に上るのには奇跡でも起こすしかない。ロブスターの養殖という捉えどころのない夢は、この崇拝される甲殻類に対する人気と需要を反映していて、約150年にわたり商品化に向けた研究に対する政府の財政的支援に合わせて、一進一退を繰り返してきた。

養殖成功の可能性は、ロブスターの生態を解明しようとする研究者の決意にかかっている。研究者はまず、大幅に減少したロブスターの個体数を増やすという意図をもって、野生のメスから採取したタマゴを人工的に孵化（ふか）、育成し、少し大きくなったものを海に放つ方法を見つけ出した。今日ではこれがホマルス属のロブスターを養殖する、最も簡単で一般的な方法だが、カナダでは「水産増殖」「海洋牧場」への真剣な取り組みはまだ道半ばだ。2番目の、さらに難易度の高い技術は、ロブスターを孵化させ、世話をし、市場に出せるサイズまで育

2004年、メイン州アウルズヘッドの波止場にずらりと並んでいる罠かご。黄色い出入り口は、規定サイズに達していないロブスターを逃がすためのものだ。

てるというもので、現在ノルウェーで行なわれている。科学的研究により、飼育中のメスのロブスターからタマゴを採取する方法が開発された。3番目の「製品強化」は、まだ小さいロブスターを捕獲して、商品サイズまで大きくすることだ。

イセエビは人気があるので需要も多いが、その水産養殖はさらに難しい。研究者はイセエビの生態に関するデータを集めていて、数年前から実験を行なっている。とくにオーストラリア、日本、ニュージーランドは熱心に取り組んでいる。実験用の養殖場も作られてきたが、商業的関心は低く、関心が高まっても競争上の理由から内密にされることが多い。イセエビの水産養殖が難しい理由のひとつは、ノースアトランティック・ロブスターよりライフサイクルが複雑なことだ。市場に出せるサイズまで育てるには時間がかかり、成体になるまで5～11年を要する。もうひとつの理由は、イセエビは初期段階で脱皮の回数が多く、水槽の壁などにぶつかって、脱皮後のもろい棘(とげ)を折る危険があることだ。イセエビの養殖は、適切な食事を与えること、費用効率の高い孵化技術、そして進んで養殖のリスクを負う企業を必要とする。

「幼生発育期を過ぎて定着(たとえばムール貝の養殖用ロープや海藻に棲み着くこと)するのはこれまで8種ほどだけで、かなりの数が定着したのは2、3種だけだ」と、元ニュージーランド国立大気水文研究所員のジョン・D・ブースは言う。そうであっても、数種のイセエビ、すなわち日本の伊勢エビ（学名 Panulirus japonicus）、ニシキエビ（学名 P. ornatus、おもな生息地はオーストラリア北部）、カッチュウミナミイセエビ（学名 Sagmariasus verreauxi、おもな生息地はオーストラリア南部）には希望がもてると彼は信じている。

マサチューセッツ大学アマースト校の准教授シーラ・パテック博士は、日本沿岸で捕獲される伊勢エビの養殖は有望だと考えているようだ。日本人は伊勢エビの孵化と養殖を1899年に始めた。そして、「1センチの虫けら」すなわち「プエルルス幼生」の段階まで育てるのに90年近くかかった。パテック博士の見解では、日本人の水産養殖・生物学者は、「自然環境を模倣するのがきわめて上手で、ひとつひとつ細かいことまで注意を払う」らしい。だが、日本人がイセエビを大量生産できるようになるまで、どれくらいかかるかは誰にもわからない。その間にも実験はインド、タイ、ベトナムなどで進められ、稚いロブスターを捕獲し、海洋ケージで市場に出せるサイズになるまで育てている。

イセエビ漁の監督は、今日において水産養殖以上に重要なことかもしれない。世界中でさまざまな方法——サイズと総漁獲量の制限から割り当て、商業漁業への参入制限、小さな甲殻類のための脱出用ハッチがついた罠などの使用装置への要求まで——でさまざまなイセエビが管理されている。今後はプロの潜水士や趣味で釣りをする人にも制約が設けられるかもしれない。

◉ロブスターの育成

カナダの漁師ロン・コーミエは、ロブスターの赤ちゃんをセントローレンス湾に放流する手伝いをした。彼の漁船パトリック号は、灰色のプラスチック製の水槽に入れた７万５０００匹の小さなロブスターを、ニューブランズウィック州の沖数キロの地点まで運んだ。コーミエはゆっくりと水槽のバルブを開けた。水槽には重りをつけて海底に沈めてある直径約5センチの青いホースが取りつけられていて、ロブスターの赤ちゃんを重力によって新しい棲みかへ送り届けた。この方法を使えば、ロブスターの赤ちゃんが泳いで安全な岩の割れ目へたどり着く前に捕食者に食べつくされるのを避け、人間用の料理の皿に載る可能性が高くなる。

コーミエは25年間漁師をしてきた。コーミエと彼と同じロブスター漁師たちは、セントローレンス湾南西部に位置するプリンスエドワード島沖での漁獲量や水揚げ量の原因不明の落ちこみに悩んでいた。その地域で歴史的水揚げ量を記録した１９８０年代後半と１９９０年代前半とは大違いだった。当時コーミエはカナダ人ロブスター漁師約１５００人で構成される海洋漁師組合（ＭＦＵ）の組合長で、ロブスター漁師はロブスターの個体数を増やすために何か行動を起こさなければならないと考えていた。そこで彼らは２００２年にニュ

ホマルス属のロブスターはいくつもの発育段階を経るが、まだ未成体であっても成体と同じような姿をしている。

ーブランズウィック州シッップアガンでホマルス社が運営する非営利の孵化試験場の設立を支援することにした。ホマルス社が稚ロブスターと孵化技術を生み出してくれたら、漁師のグループは地元での放流というベンチャービジネスを支援できるからだ。

カナダにあるMFUの非営利研究開発補助団体所長マーティン・マレットによると、2002年以来ホマルス孵化場は約78万匹のロブスターを育てて放流してきたが、毎年30万から50万匹の幼生を生み出せる能力をもっているということだ。そして、幼生用水槽、餌、通気システムの改良によって、野生のメスのタマゴから生まれた幼生が育った稚ロブスターの生存率を向上させてきた。マレットはこのロブスター水産養殖の形式を海洋牧場と表現し、ロブスターの数を増やすために放流への貢献を求めている。

だが、ロブスターの個体数を増やすためのすべての試みに関する大きな疑問は、それでうまくいくかどうかということだ。カナダ人もこの問題に取り組んできた。ひとつの良い兆しは、マレットが「調査によると、放流したステージ4の赤ちゃんロブスターが放流された海域にとどまっている」と書いていることだ。彼らはまた実験水域にそれぞれ最高10万匹の稚ロブスターを放流し、3つの水域のうちふたつでロブスターが増えているのを確認している。5パーセント生き残ってくれれば上出来だ。

序章に登場したオレンジと黄色の斑点のあるロブスターのフィオナは、2009年にプリンスエドワード島沖のホマルス社の放流場所近くで捕獲されたが、ホマルス社の孵化場で生まれたものではない。では、そこで生まれたものを、消費者や漁師はどうやって見分けるのだろう。現時点では、外見では野生のものと何の違いもない。最も期待のもてる特定方法のひとつは、殻の色を変えて、「天然のタグ」にするというものだ。科学者は、調整交配によって、青、オレンジ、赤、白、そして複数の色が入ったものなど、さまざまな色のロブスターを生み出してきた。その利点は、このような色のロブスターは天然では珍しく、3000万匹中1匹しかいないことだ。だが、心配しなくていい。加熱すると（白色以外は）殻はすべて赤くなる。

　イギリスのグレートブリテン島、ノルウェー、スコットランドでは、どうやら放流したロブスターの赤ちゃんが生きのびているだけでなく、繁殖して野生のロブスター全体を活性化しているらしい。これは、ノルウェーのように、ロブスターの個体数が激減してもなお市場の需要が強く、価格が上昇している場合にはとくに重要な戦術だ。ノルウェーのヨーロピアン・ロブスターの海洋牧場は、現在は認可を受けた民間産業だが、安価で商品価値の高い稚ロブスターが孵化場で大量に生まれたら、成功したと言えるだろう。ノルウェー人は、孵化場で育ったロブスターが野生に戻って成熟するまで5～7年ほどかかるのを待つよりは、海ではなく陸地の施設で、3年以内にヨーロピアン・ロブスターを皿ぐらい（プレートサイズ）の大きさに育てることに決めた。

テレビの料理番組で活躍するシェフで、大富豪のレストラン経営者でもあるリック・ステインは、自分のシーフードレストランとホテルの客のために十分な数のヨーロピアン・ロブスターを入手できるか憂慮している。ヨーロピアン・ロブスターの供給量は世界のロブスター漁獲量の3パーセントにすぎず、このゴージャスな甲殻類への需要は増すばかりで、彼が憂慮するのも当然だ。シーフード料理は61歳になるステインの得意とするところで、彼は最初にノースコーンウォールの港町パドストウで最初にレストランを始めたので「パドステイン」というあだ名がある。ステインはまた、イギリスでホテル、料理学校、テレビ番組をもっており、ノルウェーのロブスター商業養殖企業ノシュク・ハマー［ノルウェー語で「ノルウェーのロブスター」の意］社からプレートサイズのロブスターの安定供給を望んでいる。ステインは2008年に、300〜400グラムのヨーロピアン・ロブスター生産に向けて、ノシュク・ハマー社や他7社と提携した。今日のアトランティック・ロブスターの繁殖に関する知識の大半は、北欧諸国の人々、とくに早くから魚の孵化に取り組んだことで知られるノルウェー人から学んだものなので、ノシュク・ハマー社はこの事業において強力なパートナーになった。

◉消費者に何ができるか

コーミエは消費者にロブスターを食べるよう勧めるが、密漁者には注意しろと警告している。密漁者は規定より小さいサイズやタマゴをもつメスのロブスターを、おそらく禁漁期でも売るからだ。コーミエはまた、570グラムから1キロまでのロブスターを推奨するが、それは稚ロブスターの保護のためだけでなく、それより大きいものは身肉が固く、あまりおいしくないからだ。

ロブスターの個体数は規制でよく管理されているが、「かなり強引だ」とパテック博士は言う。博士は具体的な提言として、ロブスターを食べるのなら、消費者には規定の大きさに達しているか、どこで捕獲されたものかを最低限確認してほしいと言っている（また、オーストラリアのグレート・バリア・リーフのような、ロブスターの避難場所である海洋保護区への支援を求めている）。だから、まず環境に優しい、持続可能な手段を用いている漁師、養殖業者、荷送り人を見きわめることから始めよう。

どこから購入すべきか、ロブスターのどの種が絶滅の危機に瀕しているかを知るには、消費者はどうすればいいだろう。魚屋やレストランの給仕はおそらく知らない。最も確実な手段は、独立非営利の世界的な漁業組織、海洋管理協議会（MSC）発行の青と白のエコラベルがついているものを探すことだ。ＭＳＣは、持続可能で適切に管理された天然魚を対象とする漁業を認定することにより、乱獲や有害な養殖方法と闘っている。すでにカナダ東部沖のロブスター、西オーストラリア州のイセエビ、スコットランド沖のノルウェー・ロブスター（学名 Nephrops norvegicus）漁、「ストーノーウェイ・ロブスター・トロール漁」「ストーノーウェイはスコットランドの港町」と「トーリドン湖ロブスター・クリール（魚かご）」が認定されている。メキシコのバハ・カリフォルニア半島のレッドロック漁は、中南米で最初にＭＳＣが認定した発展途上国の商業ベースの小規模漁業だ。バハ・カリフォルニア半島の10の村から５００人以上の田舎の漁師が参加しており再評価されている。それ以外にも、メイン州のロブスターの罠漁（スポンサーはシュックス・メイン・ロブスター社）、西ヨーロッパに本拠地を置くノルマンディー&ジャージー・ロブスター、メキシコのユカタン半島にあるシアン・カアン、バンコ・チンチョロ生物圏保護区、北東イングランドのかご漁、トリスタン・ダ・クーニャ諸島のイセエビなど、いくつかのロブスター漁業が評価されている。トリスタン・ダ・クーニャ諸島は南大西洋に浮かぶイギリスの海外領土で、わずかだがヨーロッパアカザエビの漁が行なわれている。食料品店の中には、生きたロブスターを冷凍のロブスターの身肉に取り代えるところもあるようだ。だが、海洋管理協議会の認定書である青いエコラベルがついていないなら、持続可能な方法で捕獲されたものではないのかもしれな

CERTIFIED
SUSTAINABLE
SEAFOOD
MSC
www.msc.org
TM

独立非営利の世界的組織、海洋管理協議会は、数種のロブスターを含む特定のシーフードを環境に優しいものとして認定している。青と白のエコラベルを探してみよう。

い。

2番目に良い手段は、ロブスターをはじめとする食用シーフードの最高と最悪の選択肢を特定している、さまざまなウェブサイトのリストを使うことだ。ブルー・オーシャン・インスティテュートの『海を汚染しないシーフードの手引書 *Guide to Ocean Friendly Seafood*』は、MSC認定のブルーラベルが付いた魚に焦点を当てている。それ以外にも、アメリカの環境防衛基金の『シーフードを選ぶためのポケットガイド *Pocket Seafood Selector*』やモントレーベイ水族館の『消費者のためのシーフード・ガイド *Seafood Watch Consumer Guide*』などが参考になる。

ほとんどの人はダイヤモンド・ジム・ブレイディのようにロブスターを食べるわけではないが、人類はつねに、この甲殻類をもっと食べたいと思っているように見える。そのため、あらゆる面にプレッシャーがかかっている。サステナブルフード（持続可能な食品）運動によって、天然のシーフードへの要望が高まっている。市場の需要の高まりとともに、価格の低下と費用の増大のせいで、漁師は漁獲量を増やそうとする。漁師、科学者、保護団体、環境保護主義者、それに政府の役人は、この崇拝される甲殻類を救う方法をめぐり、いまなお対立しているが、何より重要なのは慎重な管理だ。とはいえ、持続可能性は私たちの手にも委ねられている。私たちは、フェスティバルは別として、子孫に山積みになったロブスターの殻を残して発見されることはないだろうが、ロブスターを味わうよろこびはぜひとも残したい。そう思わないだろうか？

謝辞

　情報を提供してくださった多くの方々、私をこのプロジェクトに導いてくれた友人やロブスター愛好者たちに感謝します。多くの方々の援助がないと、このような本を書くことは不可能です。名前を出さない方も含め、それを可能にしてくださったすべての方にお礼を申し上げます。

　リサ・タウンゼント、リンダ・フォレスト、ウォーレン・ホームズ、ロイス・ワソフ、それに本好き仲間のスザンヌ・ロウに心から感謝します。フラン・グリグスビー、キャサリンとジョン・エスティ、アンとリチャード・フォティア、ジョン・ロウ、アダム、エリック、ローリーとロビン・バン・ルーン、アン・ウィラードに感謝します。著述家仲間のサポートとフィードバックに感謝します。キャロリン・ショヘットにはレシピについて大いに助けてもらいました。ボストン公共図書館、コンコード公共図書館、シュレジンジャー図書館の卓越したレファレンス担当図書館員の方々に深く感謝しています。

イェレ・アテマ博士、ロバート・ベイヤー博士、ブライアン・F・ビール博士、アーニー・チャン博士、ダイアン・コーワン博士、フィル・ジェームズ博士、ジョン・ブース博士、ハワード・グレイ、ネビル・グレゴリー博士、カリ・ラバリ博士、ラリー・ラベル、松田浩一博士、シーラ・パテック博士、ドリー・リーンツ・バッデット博士、スーザン・ワディ博士をはじめ、科学者や研究者の方々に助言をいただいたことに感謝します。プリマス・プランテーションで植民地時代の食生活を研究している料理人キャスリーン・ウォールと食物史学者キャスリーン・カーティンに、そのピルグリムに関する知識を提供していただいたことに感謝します。『ロブスターの秘密の生活 *The Secret Life of Lobsters*』の著者トレバー・コーソンへの感謝は言うまでもありません。

料理史の調査を始めたときにお世話になったバーバラ・ヘイバーとアンディ・スミスに、料理史研究家のエリザベス・ガウスロップ・ライリー、サンドラ・L・オリバー、バーバラ・ケッチャム・ウィートンに感謝します。グレース・バトラー、ランディ・テスタ、カティ・トゥーミー・ワヒードをはじめ多くの方々に助けていただいたことをうれしく思っています。

多くの漁師の方々にも助けてもらいました。エリサ・サバス、マイケル・キャンベル、マーティン・マレット、ロン・コーミエ、アン・リスベット・アグナルト、ハイディー・ブレイ、ケリー・ウッズ、カティ・チルズ、ハワード・グレイ、マリー・フィネガン、ロバート・

コルトッティにお礼を言います。「動物の倫理的扱いを求める人々の会」（ＰＥＴＡ）や動物虐待防止王立協会、シェルフィッシュ・ネットワークの方々からもご助力をいただきました。ロブスター協会、メイン州ロブスター販売推進協議会、海洋管理協議会にも感謝します。

メアリー・ジョー・アレクサンダー、カレン・カールソン、ピーター・ファウスト、ジェフ・ロビショードがいなければ、この仕事を成し遂げることはできなかったでしょう。そして、もちろん親しい友人のレイリーとレニーも同じです。

母であるクレオ・タウンセンドに感謝します。母は私に初めてのロブスター・テールを食べさせてくれ、よい食べ物について教えてくれました。

最後に、夫であるジェフ・グリーンの尽きることのない支援と賢明な助言に対し、言葉に表せないほど感謝しています。

訳者あとがき

本書『ロブスターの歴史 *Lobster: A Global History*』は、イギリスのReaktion Booksが刊行しているThe Edible Seriesの1冊で、このシリーズは2010年、料理とワインに関する良書を選定するアンドレ・シモン賞の特別賞を受賞しました。

著者エリザベス・タウンセンド（Elisabeth Townsend）はマサチューセッツ州コンコルド在住のフード・ライターで、さまざまな新聞や雑誌に、ロブスターのほかワイン、チョコレート、チーズなどに関する記事を書いています。本書は彼女にとって初めての著書になります。

著者は序章で、ロブスターと人間の歴史を「恋愛関係」にたとえています。西欧諸国では、ロブスターとの付き合いは古代から始まりました。では、日本ではどうだったかというと、「真の」ロブスターは近海に生息していなかったため、その歴史は浅く、調べてみると本格的に輸入が始まったのは、流通網が発達した20世紀後半からのようです。財務省貿易統計のデータによると、２０１７年度のロブスター（ホマルス属のもの）の輸入量は、生きているもの、生鮮、冷蔵、冷凍等を合わせると、約２２６５トンになります。カナダからの輸入が群を抜いて多く、約90パーセントを占めています。

日本では、伊勢エビとの付き合いの歴史は古く、８世紀ごろの文献にそれらしい記述が見つかっています。16世紀になるとはっきりと「伊勢エビ（海老、ゑび）」と出てくるようになりました。有名なものでは井原西鶴の『日本永代蔵』（１６８８年）巻四に「伊勢海老乃高買」という段があり、当時から高級食材だったことがうかがえます。

本書にも触れられているように、日本では関係者の方々が大変なご苦労を重ねて、伊勢エビの養殖に取り組まれています。そのお一人である松田浩一博士のご著書『イセエビをつくる』（成山堂書店。２０１０年）によると、国産の伊勢エビ（学名 Palinurus japonicus）は第２触角の基部の突出部が他の部分と擦れ合うと、「ギーギー」という鳴き声のような音を発するそうです。数年前、レストランでの伊勢エビ偽装が問題になりましたが、頭胸部を持って第２触角の基部を動かしてみて、ギーギー鳴らなかったら輸入物である可能性が高いと博士は言われています。

本書を読んで、西欧諸国ではロブスターの捕獲法、保存法、調理法に、昔から並々ならぬ工夫がなされてきたことを初めて知りました。また、著者はロブスターを死に至らしめる方法についても、多くのページを割いています。『「食」の図書館』シリーズでは、さまざまな食べ物がさまざまな角度から論じられていますが、本書では「人間は知性と感情をもつ生物の命を奪って生きている」という根源的な問題について考えさせられました。

ところで、序章に出てきた美しいアメリカン・ロブスターのフィオナですが、現在はカナダのニューブランズウィック州にあるハンツマン・マリーン・サイエンス・センターの水族館に引き取られ、他の2匹のロブスターとともに暮らしているようです。フィオナは捕獲されなかったら、おそらく長くは生きられなかったでしょう。どうかいまの環境に順応して健やかに成長し、長生きしてほしいと思います。

最後になりましたが、本書の翻訳にあたり、原書房の善元温子さん、オフィス・スズキの鈴木由紀子さんから多大なお力添えをいただきました。心よりお礼を申し上げます。

元村まゆ

2018年11月

写真ならびに図版への謝辞

著者と出版者は、図版の提供と掲載を許可してくれた関係者にお礼を申し上げたい（図版のキャプションに記されていない情報も含まれている）。

Photo Brooklyn Museum, NY: p. 81; photo Jane Burton/Warren Photographic, http://www.warrenphotographic.co.uk: p. 19; © cbpix/Shutterstock.com 2009: p. 110; Images ©Clearwater: pp. 111, 114; © Paul Cowan/2010 iStock International Inc.: p. 87; photos ©Greg Currier Photography of Camden, Maine: pp. 13, 155; photo courtesy Everett Collection/Rex Features: p. 94; © evgenyb/2010 iStock International Inc.: p. 123; photo Patrick Frilet/Rex Features: p. 75; gmnicholas/2010 iStock International Inc.: p. 79; photo courtesy Goldmark Gallery: p. 91; © FutoshiHamaguchi/2010 iStock International Inc.: p. 106; courtesy joerivanveen/2010 iStock International Inc.: p. 18; ©Junker/Shutterstock.com 2009: pp. 135; photos Library of Congress, Washington, DC: pp. 30, 96; photo © Jamie MacMillan: p. 83; photo courtesy Marine Stewardship Council (msc.org): p. 165; photo © Ivan Massar: pp. 127, 130, 151; photos Vetle Misje: pp. 150, 159; photo Jeff Mullins © ReefWreckand - Critter.com: p. 26; Museum of Fine Arts, Boston (photo © 2010 Museum of Fine Arts, Boston): p. 37; photo © Mystic Seaport Collection, Mystic, CT - www.mysticseaport.org: p. 56; © neelsky/Shutterstock.com 2009: p. 15; National Gallery, London: p. 42; photo ND/Roger-Viollet/Rex Features: p. 73; photos provided by Northumberland Fisheries Museum & Heritage Association, Pictou, Nova Scotia, Canada: pp. 133, 145; courtesy nicoolay/2010 iStock International Inc.: pp. 17, 25; photo Gordon Parks/Library of Congress, Washington, DC: p. 20; courtesy of PETA (People for the Ethical Treatment of Animals): p. 118; photo Constantinos Petrinos/Nature Picture Library/Rex Features: p. 32; photo © Plimoth Plantation, Plymouth, MA: p. 46; private collection: p. 9; photos Roger-Viollet/Rex Features: pp. 66, 88; © Jeffrey Smith/ 2010 iStock International Inc.: p. 6; photo courtesy of Studham Technologies Ltd., www.crustastun.com: p. 139; © sunara/2010 iStock International Inc.: p. 107; © tonobalaguerf/Shutterstock.com 2010: p. 22; photo courtesy Town of Shediac, New Brunswick: p. 93; Victoria and Albert Museum, London (photo V&A Images): pp. 44, 63; © Zdorov Kirill Vladimirovich/Shutterstock.com 2009: p. 103.

Nicosia, Frank and Kari Lavalli, *Homarid Lobster Hatcheries: Their History and Role in Research, Management, and Aquaculture* (Seattle, WA, 1999)

Oliver, Sandra L., *Saltwater Foodways: New Englanders and Their Food, at Sea and Ashore, in the Nineteenth Century* (Mystic, CT, 1995)

Phillips, B. F. and J. Kittaka, *Spiny Lobsters: Fisheries and Culture* (London, 2000)

Phillips, Bruce F., *Lobsters: Biology, Management, Aquaculture and Fisheries* (Oxford and Ames, IA, 2006)

Prudden, T. M., *About Lobsters* (Freeport, ME, 1962)

Renfrew, Jane, *Food and Cooking in Prehistoric Britain* (London, 1985)

Sandler, Bea, *The African Cookbook* (Cleveland, OH, 1970)

Simonds, Nina, *Classic Chinese Cuisine* (Shelburne, VT, 1994)

Stavely, Keith and Kathleen Fitzgerald, *America's Founding Food* (Chapel Hill, NC, and London, 2004)

Stein, Rick, *Rick Stein's Complete Seafood* (Berkeley, CA, and Toronto, 2008)

Thomas, Lately, *Delmonico's: A Century of Splendor* (Boston, MA, 1967)

van Wyk, Magdaleen, *The Complete South African Cookbook* (Cape Town, 2007)

Wheaton, Barbara Ketcham, *Savoring the Past: The French Kitchen and Table from 1300 to 1789* (New York, 1983)［バーバラ・ウィートン『味覚の歴史——フランスの食文化　中世から革命まで』辻美樹訳、大修館書店、1991年］

White, Jasper, *Lobster at Home* (New York, 1998)

Wilson, Anne C., *Food and Drink in Britain: From the Stone Age to the 19th Century* (Chicago, IL, 1991)

参考文献

Bayer, Robert and Juanita, *Lobsters Inside-Out: A Guide to the Maine Lobster* (Bar Harbor, ME, 1989)

Clifford, Harold B., *Charlie York: Maine Coast Fisherman* (Camden, ME, 1974)

Colquhoun, Kate, *Taste: The Story of Britain Through its Cooking* (New York, 2007)

Corson, Trevor, *The Secret Life of Lobsters* (New York, 2004)

Cowan, Diane F., 'Robbing the Lobster Cradle', *New York Times* (2006)

Davidson, Alan, *North Atlantic Seafood* (New York, 1979)

——, *Mediterranean Seafood* (Berkeley, CA, 2002)

——, *Seafood of South-East Asia* (Berkeley, CA, 2003)

——, *The Oxford Companion to Food* (New York, 2006)

Dueland, Joy V., *The Book of the Lobster* (Somersworth, NH, 1973)

Elwood, Robert W., 'Pain Experience in Hermit Crabs?', *British Journal of Animal Behaviour*, lxxvii/5 (May 2009), pp. 1243-6

Factor, Jan Robert, ed., *Biology of the Lobster: Homarus americanus* (San Diego, CA, 1995)

Gray, Howard, *The Western Rock Lobster: Panulirus cygnus* (Geraldton, Australia, 1992 and 1999), *Book 1: A Natural History; and Book 2: A History of the Fishery*

Gregory, Neville, and T. E. Lowe, 'A Humane End for Lobsters', *New Zealand Science Monthly* (Christchurch, New Zealand, 1999)

Handwerk, Brian, 'Lobsters Navigate by Magnetism, Study Says', *National Geographic News* (Washington, DC, 2003)

Herrick, Francis H., *Natural History of the American Lobster* (Washington, DC, 1911)

Hillman, Howard, *The New Kitchen Science* (Boston, MA, 2003)

Josselyn, John, *John Josselyn, Colonial Traveler: A Critical Edition of 'Two Voyages to New England'* (Hanover, NH, 1988)

Larousse Gastronomique (New York, 2001)［『新ラルース料理大事典』（全4巻）辻調理専門学校、辻静雄料理研究所訳、同朋社メディアプラン、2007年］

sters: An International Dispute as to Whether They Are Fishes', *New York Times* '902)

Prosper, *Larousse Gastronomique* (New York, 2001)

側を覆うように、9のソースをたっぷり注ぎ入れる。
11. ロブスターの身肉を入れ、その上に残りのソースをかける。
12. 表面にパルメザンチーズをすりおろしたもの大さじ2と溶かしバター大さじ2を振りかけ、240℃に温めたオーブンに入れてさっと焦げ目をつける。

（簡単な作り方）
1. ロブスターを半分に切って焼き、殻から身肉を取り出す。
2. イングリッシュ・マスタード小さじ1で味つけしたベシャメルソース少々で殻の内側を覆う（ベシャメルソースの材料は上記参照）。
3. スライスしたロブスターの身肉を詰め、その上から同じソースをかけ、オーブンで焦げ目をつける。焼き上がったらすぐに供する。

除き、腸管と一緒に脚も除去する。

4. 胴体を殻ごと約5*cm*角に切り分ける。
5. 豚ひき肉をバラバラになるまで包丁で叩き、ボウルに入れ、マリネ液とやんわりと混ぜる。
6. 熱した中華鍋に油を入れ、かなり熱くなるまで熱する。香辛料のみじん切りを入れ、香りが立ってくるまでかき混ぜながら、約10秒炒める。
7. 5の豚ひき肉を加え、かき混ぜながら炒める。ひき肉がパラパラになり、色が変わるまで約1分間炒める。
8. 強火にして、ロブスターの切り身を入れ、約1分間かき混ぜながら炒める。
9. ロブスター・ソースを加え、煮立たせる。ふたをして、強火で約3分間煮こむ。
10. ふたを取り、とろみつけを細い線のように加え、ダマにならないようにかき混ぜつづける。
11. ソースにとろみがついたら火を消し、ほぐしたタマゴを鍋肌から少しずつ加える。
12. さっと混ぜて、中身を皿に空ける。青ネギのみじん切りを散らし、すぐに供する。

◉ロブスター・テルミドール
（1～2人分）

1. ロブスターを家庭用冷凍庫で動かなくなるまで15～30分冷やしておく（凍死させてはいけない）。
2. ロブスターの尾と胴体の境目から頭まで縦にふたつに切り、それから尾を2分割する。エラ（食べられないひだのような部分）を身肉から取り除く。ハサミの殻は砕いておく。
3. ロブスターの半身（2個）に軽く塩をふり、油を振りかけ、220℃に温めておいたオーブンで約15～20分、身肉が半透明になるまで焼く。
4. 尾とハサミから身肉を取り出し、3～5*mm*角に切り分ける。
5. かなり濃いベシャメル（クリーム）ソースを作る。材料は次のとおり。

[ベシャメルソース]
バター…大さじ2
小麦粉…大さじ2
塩…小さじ½
コショウ…小さじ⅛
ナツメグ…小さじ⅛
牛乳…2カップ（450*ml*）
タマゴ…2個

6. 肉汁、魚のだし汁、白ワインを同じ割合で混ぜてスープストックを作る。
7. チャービル、エシャロットのみじん切り、タラゴンを6のスープに加える。
8. スープにとろみがつくまで煮つめたら、イングリッシュ・マスタード小さじ1、5の濃いベシャメルソース少々を加える。
9. 8を2～5分間煮こみ、バター60*g*を加えて混ぜながら溶かす。
10. 半分に割ったロブスターの殻の内

ホワイトソース…110ml（上記のレシピを参照）
カレー粉…大さじ1
パプリカ…小さじ1

1. 5個分のタマゴの白身をかき混ぜておく。
2. 茹でたトブスター、ホワイトソース、メロン、パン粉、1を混ぜあわせる。
3. へらを使ってロブスターの尾の殻にこの混ぜ物を、尾の表面が盛り上がるほど詰める。
4. 尾をベーキングシートに並べ、220℃のオーブンでキツネ色になるまで約10分間焼く。焦げないように注意する。
5. ライスブジュンブラ［米をチキンスープで炊いたピラフのようなもの］を添えて供する。

………………………………………………

◉広東風ロブスター料理

（6人分、メインディッシュ）
生きているロブスター…4匹（それぞれ700〜900g）
豚ひき肉…約230g

[豚ひき肉のマリネ液の材料]
しょうゆ…小さじ2
シェリー酒…大さじ1
水…小さじ1
ゴマ油…小さじ½
ピーナッツオイルか紅花油かコーンオイル…大さじ2

[香辛料のみじん切り]
豆豉（トウチ）…大さじ2（洗って水気を取り、みじん切りにする）
ニンニク…大さじ2（みじん切り）
青ネギ…大さじ1（みじん切り）
生ショウガ…大さじ1（みじん切り）
セロリ…1本（細かいみじん切り）

[ロブスター・ソース]
チキンスープ…1カップ（225ml）
しょうゆ…大さじ2½
シェリー酒…大さじ2
ゴマ油…小さじ1
砂糖…小さじ1
挽き立ての黒コショウ…小さじ¼

[とろみつけ]
水…大さじ1
コーンスターチ…小さじ1½

タマゴ（大）…2個（ほぐしておく）
青ネギ…大さじ1（みじん切り）

1. ロブスターを家庭用冷凍庫で動かなくなるまで15〜30分冷やしておく（凍死させてはいけない）。
2. よく切れる大きなシェフナイフを使って、ロブスターの尾と胴体の境目から頭まで縦にふたつに切り、それから尾を2分割する。
3. 頭部から胃袋（口のそばにある）を取り除く。目と触角がついている頭の先の部分も切って捨てる。腸管を取り

現代のレシピ

◉イセエビのグリル

マグダリーン・バン・ワイクの許可を得て掲載。『南アフリカの料理大全 *The Complete South African Cookbook*』（2007年、ストルイク・ライフスタイル社）より。

（2人分。下ごしらえ20分、調理10分）
生のイセエビ…2匹
溶かしバター…大さじ2
溶かしバターにレモン汁を加えたもの
塩…小さじ¼
コショウ…小さじ¼
付け合わせ…パセリのみじん切り

1. よく切れるナイフでイセエビを裏側からふたつに割り、尾の黒い筋と頭の下の嚢（のう）を取り除く。
2. 両方の身肉にハケで溶かしバターを塗り、油を塗った焼き網の上に並べる。
3. 焼き網を直火から10*cm*離してグリルに載せ、ときどきバターを塗りながら、身肉が白く不透明になるまで、約10分焼く。
4. 塩とコショウで味つけし、溶かしバターにレモン汁を加えたものを添え、尾の上にパセリを振りかけてすぐに供する。

＊イセエビは炭火で焼いてもよい。

……………………………………………

◉ベイクトロブスター・テールのスフレ（南アフリカ）

（8人分、メインディッシュ）

○ロブスターの調理法

1. 大きな鍋に水道水のぬるま湯を入れ、170*g*ほどのアフリカイセエビの尾8匹分を沈める。
2. 塩大さじ1とくさび形に切ったレモン½個を加える。
3. 沸騰したら、ふたをして弱火で5分間煮る。
4. 火を消して、ロブスターを湯の中に30分置いてから水気を切る。
5. ロブスターが冷めたら、尾の下側から身肉を切り取り、殻は置いておく。
6. 身肉を8等分し、3.8リットルのボウルに入れる。

○ホワイトソースの作り方

1. バター大さじ1を溶かす。
2. 小麦粉大さじ1、塩小さじ½、白コショウ小さじ⅛を入れてよくかき混ぜる。
3. 110*ml*の牛乳またはライトクリーム［脂肪分18～30％のクリーム］を少しずつかき混ぜながら加える。
4. かき混ぜながら加熱してとろみをつける。火から下ろして冷ましておく。

○ホワイトソースと混ぜる

熟したハニデューメロンの皮をむいて2*cm*角に切ったもの…350*g*
乾燥したパン粉…25*g*

ル半分を加えて強火で煮詰める。ソースのあくを取り、ほとんど煮汁がなくなるまで煮詰めたら、ロブスターを戻し、お好みで味を整えて供する。

◉ロブスターのニューバーグ風またはデルモニコ風

チャールズ・ランフォーファー（元〈デルモニコス〉のシェフ）『美食家 *Epicurean*』（1894年）から。

1. 1*kg* 弱のロブスター6匹を、塩を入れた湯で25分間茹でる。6*kg* の生きたロブスターを茹でると、約1.5*kg* の身肉と約100*g* のタマゴが取れる。
2. 冷めたら胴体から尾を取り外し、尾を薄切りにする。ソテーパン［フライパンより深く、ふたが付いている］に切り身を並べて入れ、温めた澄ましバターを加える。
3. 塩で味つけして、こげめをつけないように両面を軽く焼く。良質の生クリームを切り身の高さまで入れ、強火で半量まで煮詰める。
4. マデイラワインをスプーン2～3杯加え、液体をもう一度だけ煮立たせてロブスターを取り出す。
5. タマゴの黄身と生クリームで濃度をつけ、カイエンヌペッパーとバター少々を加えて煮立たせずに煮こむ。
6. ロブスターを軽くあえ、野菜を盛った皿に並べて上からソースをかける。

◉ロブスターのビスク

ファニー・メリット・ファーマー『ボストン・クッキングスクールの料理本 *The Boston Cooking-School Cook Book*』（1896年）より。

ロブスター…約1*kg*
冷たい水…2カップ
牛乳…4カップ
バター…1/4カップ
小麦粉…1/4カップ
塩…小さじ1 1/2
カイエンヌペッパー…少々

1. ロブスターの身肉を殻から取り出す。
2. 胴体の殻とハサミの先端の固い部分を細かく切って冷水を加え、ゆっくり沸騰させて20分間茹でる。
3. 殻を取り除き、2にバターと小麦粉を加えて加熱し、とろみをつける。
4. 細かく切ったロブスターの尾の身肉を牛乳に入れて煮る。
5. 牛乳をこして、液体に加える。塩とカイエンヌペッパーで味つけする。
6. さいの目に切ったやわらかいハサミの身肉と胴体の身肉を加える。
7. タマゴが見つかったら、洗って水気を拭き、細かいこし器に押しつけてバラバラにし、すり鉢にバターと一緒に入れてよく混ざるまで摺る。
8. 7に小麦粉（分量外）を加え、かき混ぜながらスープに入れる。
9. 濃いスープが好みなら、水の代わりに白いスープストックを使うとよい。

4. 牛乳を沸騰させ、つねにかき混ぜながら3のペーストを少しずつ加える。
5. ロブスターを加えてすばやく煮上げる。

……………………………………………

◉スカロップト・ロブスター

メアリー・ジョンソン・リンカーン『リンカーン夫人のボストン料理本 *Mrs Lincoln's Boston Cook Book*』(1889年)より。

1. 約500*cc*のロブスターの身肉をさいの目に切り、塩、コショウ、カイエンヌペッパーで味つけする。
2. 1カップのクリームソースと混ぜ合わせ、2匹分のロブスターの尾の殻に詰める。
3. クラッカーを砕いてバターで湿らせたもので表面を覆い、クラッカーに焦げ目がつくまで焼く。
4. 大皿にふたつの殻を、尾の先を外側に向けて、長いカヌーのように並べる。小さいハサミをオールに見立てて両側に置く。
5. パセリを飾る。ロブスターはホタテの貝殻に入れて供してもよい。

……………………………………………

◉カレー風味のロブスター

メアリー・ジョンソン・リンカーン『リンカーン夫人のボストン料理本 *Mrs Lincoln's Boston Cook Book*』(1889年)より。

カレーソースを作り、さいの目に切ったロブスターの身肉をソースの中で温める。

○カレーソースの作り方

1. バター大さじ1にタマネギのみじん切り大さじ1を入れて5分間炒める。焦がさないよう注意すること。
2. カレー粉大さじ1と小麦粉大さじ2を混ぜ、1に加えてかき混ぜる。
3. 2に牛乳約500*cc*を少しずつ加え、ホワイトソースと同じようにかき混ぜる。

……………………………………………

◉ロブスターのプロバンス風

チャールズ・ランフォーファー(元〈デルモニコス〉のシェフ)『美食家 *Epicurean*』(1894年)から。

1. 中くらいのサイズの生のロブスターの尾を均等な大きさに切り分け、塩、ミニョネット(粗挽きコショウ)で味つけをする。
2. 鍋にオイルを入れ、強火で両面にきれいな焼き色がつくまで炒める。
3. タマネギ約220*g*を細かいみじん切りにし、ロブスターの鍋に塩、コショウ、ミニョネット、多量のパセリとともに加える。タイム、ローリエ、約250*cc*のトマトソース、アルコールを飛ばしたブランデー大さじ4を加え、2、3分煮こむ。
4. ロブスターを取り出し、ソースを裏ごし器でこしてから、白ワインをボト

Nicosia, Frank and Kari Lavalli, *Homarid Lobster Hatcheries: Their History and Role in Research, Management, and Aquaculture* (Seattle, WA, 1999)

Oliver, Sandra L., *Saltwater Foodways: New Englanders and Their Food, at Sea and Ashore, in the Nineteenth Century* (Mystic, CT, 1995)

Phillips, B. F. and J. Kittaka, *Spiny Lobsters: Fisheries and Culture* (London, 2000)

Phillips, Bruce F., *Lobsters: Biology, Management, Aquaculture and Fisheries* (Oxford and Ames, IA, 2006)

Prudden, T. M., *About Lobsters* (Freeport, ME, 1962)

Renfrew, Jane, *Food and Cooking in Prehistoric Britain* (London, 1985)

Sandler, Bea, *The African Cookbook* (Cleveland, OH, 1970)

Simonds, Nina, *Classic Chinese Cuisine* (Shelburne, VT, 1994)

Stavely, Keith and Kathleen Fitzgerald, *America's Founding Food* (Chapel Hill, NC, and London, 2004)

Stein, Rick, *Rick Stein's Complete Seafood* (Berkeley, CA, and Toronto, 2008)

Thomas, Lately, *Delmonico's: A Century of Splendor* (Boston, MA, 1967)

van Wyk, Magdaleen, *The Complete South African Cookbook* (Cape Town, 2007)

Wheaton, Barbara Ketcham, *Savoring the Past: The French Kitchen and Table from 1300 to 1789* (New York, 1983)［バーバラ・ウィートン『味覚の歴史――フランスの食文化　中世から革命まで』辻美樹訳、大修館書店、1991年］

White, Jasper, *Lobster at Home* (New York, 1998)

Wilson, Anne C., *Food and Drink in Britain: From the Stone Age to the 19th Century* (Chicago, IL, 1991)

参考文献

Bayer, Robert and Juanita, *Lobsters Inside-Out: A Guide to the Maine Lobster* (Bar Harbor, ME, 1989)

Clifford, Harold B., *Charlie York: Maine Coast Fisherman* (Camden, ME, 1974)

Colquhoun, Kate, *Taste: The Story of Britain Through its Cooking* (New York, 2007)

Corson, Trevor, *The Secret Life of Lobsters* (New York, 2004)

Cowan, Diane F., 'Robbing the Lobster Cradle', *New York Times* (2006)

Davidson, Alan, *North Atlantic Seafood* (New York, 1979)

——, *Mediterranean Seafood* (Berkeley, CA, 2002)

——, *Seafood of South-East Asia* (Berkeley, CA, 2003)

——, *The Oxford Companion to Food* (New York, 2006)

Dueland, Joy V., *The Book of the Lobster* (Somersworth, NH, 1973)

Elwood, Robert W., 'Pain Experience in Hermit Crabs?', *British Journal of Animal Behaviour*, lxxvii/5 (May 2009), pp. 1243-6

Factor, Jan Robert, ed., *Biology of the Lobster: Homarus americanus* (San Diego, CA, 1995)

Gray, Howard, *The Western Rock Lobster: Panulirus cygnus* (Geraldton, Australia, 1992 and 1999), *Book 1: A Natural History; and Book 2: A History of the Fishery*

Gregory, Neville, and T. E. Lowe, 'A Humane End for Lobsters', *New Zealand Science Monthly* (Christchurch, New Zealand, 1999)

Handwerk, Brian, 'Lobsters Navigate by Magnetism, Study Says', *National Geographic News* (Washington, DC, 2003)

Herrick, Francis H., *Natural History of the American Lobster* (Washington, DC, 1911)

Hillman, Howard, *The New Kitchen Science* (Boston, MA, 2003)

Josselyn, John, *John Josselyn, Colonial Traveler: A Critical Edition of 'Two Voyages to New England'* (Hanover, NH, 1988)

Larousse Gastronomique (New York, 2001)［『新ラルース料理大事典』（全4巻）辻調理専門学校、辻静雄料理研究所訳、同朋社メディアプラン、2007年］

'Lobsters: An International Dispute as to Whether They Are Fishes', *New York Times* (1902)

Montagne, Prosper, *Larousse Gastronomique* (New York, 2001)

レシピ集

昔のレシピ

◉イセエビの茹でたもの

アピキウス（4世紀後半から5世紀）著、クリス・グロコック、サリー・グレインジャー翻訳『アピキウス、前書きと英訳つきの校訂版 *Apicius, a Critical Edition With an Introduction and English Translation*』（2006年）より。

1. クミンソースを添えて（茹でたロブスターを）上手に盛りつけて供する。
2. クミンソースの材料：コショウ、ラベージ［セリ科のハーブ］、パセリ、ドライミント、たっぷりのクミン、ハチミツ、酢、リカメン［魚から作る塩気の強いソース］。好みでフォリューム［シナモン］やマラバスラム［シナモンと同じニッケイ属の植物で葉が香辛料として使われる］を加えるとよい。

………………………………………………

◉もうひとつのイセエビのレシピ：尾の身肉から味つけひき肉を作る

アピキウス（4世紀後半から5世紀）著、クリス・グロコック、サリー・グレインジャー翻訳『アピキウス、前書きと英訳つきの校訂版 *Apicius, a Critical Edition With an Introduction and English Translation*』（2006年）より。

1. ザリガニの有害な葉の部分［エラの部分］を取り除き、茹でる。
2. 身肉を細かく切り、リカメン、コショウ、タマゴを加える。

………………………………………………

◉ロブスターの酢漬け

ロバート・メイ『料理の名品、あるいは料理の芸術と奥義 *The Accomplisht Cook, or the Art and Mystery of Cookery*』（1671年）より。

1. ロブスターを酢、白ワイン、塩を入れた湯で茹でる。
2. 茹であがったら取り出しておく。
3. ローリエ数枚、ローズマリーの先端部分、キダチハッカ、タイム、大きいナツメグ、粒コショウを用意する。
4. 前記の材料全てと、ロブスター、クローブ数本を一緒に茹でる。
5. 茹であがったらロブスターを取り出してたるの中に並べ、ハーブ、スパイス、レモンの皮少々をふりかけたところに茹で汁を注ぎ、たるの上端まで満たす。
6. そのまま保管して、必要なだけ使っていく。使うときは、スパイス、ハーブ、レモンの皮、つけ汁少々も一緒に供する。

◉ロブスター・ポット

アン・ギボンズ・ガーディナー『ガーディナー夫人の1763年からのレシピ *Mrs Gardiner's Receipts from 1763*』より。

1. 茹でたロブスターのハサミと胴体から身肉を取り出す。
2. 大理石のすり鉢にナツメグの葉2枚、白コショウ少々、塩少々、タマゴサイズのバターひとかたまりと一緒に入れ、ペースト状になるまで擂（す）りまぜる。
3. その半分をポットに入れる。取り出したロブスターの尾の部分の身肉をポットのペーストの上に並べ、その上にペーストの残りの半分を平らに伸ばす。
4. 押さえつけてから、溶かしバターを¼インチ（約6mm）の厚さに注ぎ入れる。

◉ロブスター・パイ、もうひとつの作り方

アン・ギボンズ・ガーディナー『ガーディナー夫人の1763年からのレシピ *Mrs Gardiner's Receipts from 1763*』より。

1. ロブスター2匹を茹で、尾の部分の身肉を取り出して縦にふたつに切り、内臓は除いておく。
2. 尾の身肉を4つに切り、皿に並べる。
3. 胴体とハサミの殻を割り、身肉をすべて取り出し、細かく切っておく。
4. 2と3の身肉にコショウ、塩、スプーン2～3杯の酢で味つけをする。
5. 半ポンド（約230g）の良質で新鮮なバターを溶かし、4と混ぜ合わせる。
6. 5にパン粉をまぶし、清潔な布にくるんで小さくまとめる。
7. 6をロブスターの尾の殻に詰め、火力の弱いオーブンで焼く。

◉ロブスターのローストの作り方

ハナー・グラス夫人『料理術、わかりやすく簡単な作り方 *The Art of Cookery, Made Plain and Easy*』（1805年）より。

1. ロブスターを茹で、暖炉の前に置いて、細かい泡が出るまでバターをかけながら焼く。
2. 皿に盛り、溶かしバターを入れたカップを添えて供する。これはオーブンで焼くのと同じくらい最高によい方法で、手間は半分もかからない。

◉豪華なロブスター料理の作り方

ハナー・グラス夫人『料理術、わかりやすく簡単な作り方 *The Art of Cookery, Made Plain and Easy*』（1805年）より。

1. ロブスター3匹を使い、いちばん大きなものを上記と同様に茹でて、暖炉の前で細かい泡が出るまでバターをかけながら焼く。
2. 残りの2匹も茹で、バターを塗る。
3. この2匹の胴体の殻を取り、温めて

からバターを塗った身肉を詰める。

4. いちばん大きなロブスターをまん中にして、あとの2匹の殻を両側に置き、まん中のロブスターの大きなハサミを両端に置く。
5. 2匹のロブスターの4つのハサミを焼いてその両端に置く。うまくできれば、見た目も美しいご馳走になる。

……………………………………………

◉ロブスター・ソース

ハナー・グラス夫人『料理術、わかりやすく簡単な作り方 *The Art of Cookery, Made Plain and Easy*』（1805年）より。

1. 品質の良いメスのロブスターを用意し、タマゴをすべて取り出す。
2. タマゴをすり鉢に入れ、バター少々を加えて擂る。
3. ハサミと尾から身肉をすべて取り出し、小さめの角切りにする。
4. タマゴと身肉をシチュー鍋に入れ、その中へアンチョビ酒スプーン1杯、ケチャップスプーン1杯、メース、ホースラディッシュ1片、レモン半分、グレイビー約140*cc*、濃度をつけるための小麦粉をまぶしたバター少々、きれいに溶かしたバター約220*g*を入れ、弱火で6、7分コトコト煮る。
5. ホースラディッシュ、メース、レモンを取り除く。
6. レモンをしぼってソースに加え、ひと煮立ちさせてから舟形の容器に入れる。

……………………………………………

◉ロブスター・サラダ

リディア・マリア・チャイルド『アメリカの質素な主婦 *The American Frugal Housewife*』（1832年）より。

1. ロブスター1匹の身肉を殻から取り出し、細かく切る。
2. 新鮮なレタスを細かく切り、ロブスターと混ぜる。
3. ドレッシングを作る。ゆでタマゴ4個の黄身を細かく切って深皿に入れ、オリーブオイル約120*cc*、酢約120*cc*、マスタード約60*cc*、カイエンヌペッパー小さじ½、塩小さじ½をすべてよく混ぜ合わせる。食べる直前に作るとよい。

……………………………………………

◉ロブスターの茹で方

キャサリン・エスター・ビーチャー『ミス・ビーチャーの家庭用料理本 *Miss Beecher's Domestic Receipt Book*』（1846年）より。

すでに死んでいるロブスターを調理してはいけない。生きたロブスターを熱湯の中に入れ、小さな関節が簡単にちぎれるようになるまで茹でる。

……………………………………………

◉ロブスターのシチュー

C・I・フッド＆Co.『フッドの複合料理本 *Hood's Combined Cook Books*』（1875-85）より。

1. ロブスターを2.5*cm*角に切り、シチュー鍋に入れ、その上から水カップ1を注ぐ。
2. タマゴサイズのバターを加え、コショウ、塩で味つけをする。
3. ロブスターの緑色のトマリーも加え、火にかけて10分間かき混ぜる。
4. 火から下ろす直前に、シェリー酒をワイングラス2杯分加える。
5. 沸騰直前まで加熱するが、グラグラ煮え立たせてはいけない。

……………………………………………

◉デビルド・ロブスター

メアリー・ヘンダーソン夫人『実用的な料理とおもてなし料理 *Practical Cooking and Dinner Giving*』（1877年）より。

（デビルド・ロブスターは）デビルド・クラブと料理法は同じで、カニをロブスターに代え、風味づけにすりつぶしたナツメグを加えればよい。ロブスターやカニを茹でるときは、鮮やかな赤色に変わったら十分火が通ったしるしだ。茹ですぎると固くなる。

○デビルド・クラブの作り方

1. カニが茹であがったら、身肉を殻から取り出し、小さなさいの目に切る。殻はきれいに洗っておく。
2. カニの身肉約170*g*に対し、パン粉56*g*、固ゆでタマゴ2個をみじん切りにしたもの、レモン汁½個分、カイエンヌペッパーと塩を加える。
3. クリームまたはクリームソースを加えて全体を混ぜる。ベシャメルソースがあればさらによい。
4. 混ぜたものを殻に詰め、表面を滑らかに整える。ふるいにかけたパン粉を散らし、高温のオーブンで焼き色をつける。

……………………………………………

◉ロブスターのフリカッセ、ベシャメルソース（アントレ）

エリザ・アクトン『近代的な料理、家庭向け *Modern Cookery, for Private Families*』（1878年）より。

1. 中くらいの大きさのロブスター2匹のハサミと尾から身肉を取り出し、小さな扇形またはさいの目に切る。
2. 約350*cc*の良質のホワイトソースまたはベシャメルソースの中で、弱火で十分に火を通す。
3. 沸点に達したら、レモン汁少々を加えてすばやくかき混ぜて火から下ろして皿に盛る。
4. ロブスターのタマゴはスプーン2、3杯分のソースとゆっくり混ぜ合わせ、前もって加えておくとよい。野菜を入れずに牛のすね肉から作ったビーフストックは、強火で煮立たせて短時間で煮つめる。同じ分量のクリームと混ぜ、クズウコンで濃度をつけるというのがこの料理の一般的な方法で、これがいちばん合っているし、上手に作れば、最高の料理になる。

5. ソースは薄くなってはいけない。また、量はロブスターがちょうど隠れるぐらいにして、それ以上多くなってはいけない。コースの2番目に出す料理として、ソースはロブスターの身肉にからめるだけにしておくべきだ。身肉は加熱したあと殻の中に平らに盛りつける。殻は裏側のまん中から縦に2分割し、壊れたり関節が折れたりしないように注意して、きれいに洗っておく。
6. このように盛りつけたら、ロブスターに乾燥したパンを細かくして揚げたもの、または揚げていないものをまぶす。揚げていないものは、澄ましバターで均一に湿らせて、焼き網で焦げ目をつけておく。どちらも最後に少量の塩、ナツメグ、カイエンヌペッパーで味を調える。

このレシピは、アクトンの「一般的なロブスターのパテ」にも応用できる。
1. ロブスターは前出のフリカッセの指示と同じように下ごしらえするが、ソースの割合を若干増やす。
2. 料理した中身を熱いうちにパテの型に詰め、速やかに供する。

………………………………………………

◉ロブスター・バター

エリザ・アクトン『近代的な料理、家庭向け *Modern Cookery, for Private Families*』(1878年)より。

1. 新鮮なメスのロブスター1、2匹のタマゴをできるだけ滑らかなペースト状にする。タマゴをすり鉢に入れる前に、細かいふるいにかけてバラバラにし、少し砕いておいた方がやりやすい。
2. 新鮮な固形のバターを1とだいたい同量まぜ、ナツメグ、カイエンヌペッパー、必要なら塩少々で薄めに味つけする。
3. 全体をよく混ぜて、冷えた食料貯蔵室に入れておくか、氷の上に置いて、成形できるくらいに固くなるまで冷やす。
4. パセリまたは料理に鮮やかな色を添えるような葉ものを飾る。

………………………………………………

◉ロブスター・チャウダー

『ゴーディの婦人用本と雑誌 *Godey's Lady's Book and Magazine*』(1881年)より。

ロブスター…1匹
クラッカー…3枚
バター…1かけら
塩…少々
カイエンヌペッパー…少々
牛乳…約1リットル

1. ロブスターを大きめに切る。
2. クラッカーを細かく砕き、ロブスターのレバーと混ぜておく。
3. 小さめのタマゴサイズのバター、少量の塩、カイエンヌペッパーを加え、2とよく混ぜあわせる。

4. 牛乳を沸騰させ、つねにかき混ぜながら3のペーストを少しずつ加える。
5. ロブスターを加えてすばやく煮上げる。

……………………………………………

◉スカロップト・ロブスター

メアリー・ジョンソン・リンカーン『リンカーン夫人のボストン料理本 *Mrs Lincoln's Boston Cook Book*』（1889年）より。

1. 約500*cc*のロブスターの身肉をさいの目に切り、塩、コショウ、カイエンヌペッパーで味つけする。
2. 1カップのクリームソースと混ぜ合わせ、2匹分のロブスターの尾の殻に詰める。
3. クラッカーを砕いてバターで湿らせたもので表面を覆い、クラッカーに焦げ目がつくまで焼く。
4. 大皿にふたつの殻を、尾の先を外側に向けて、長いカヌーのように並べる。小さいハサミをオールに見立てて両側に置く。
5. パセリを飾る。ロブスターはホタテの貝殻に入れて供してもよい。

……………………………………………

◉カレー風味のロブスター

メアリー・ジョンソン・リンカーン『リンカーン夫人のボストン料理本 *Mrs Lincoln's Boston Cook Book*』（1889年）より。

カレーソースを作り、さいの目に切ったロブスターの身肉をソースの中で温める。

○カレーソースの作り方
1. バター大さじ1にタマネギのみじん切り大さじ1を入れて5分間炒める。焦がさないよう注意すること。
2. カレー粉大さじ1と小麦粉大さじ2を混ぜ、1に加えてかき混ぜる。
3. 2に牛乳約500*cc*を少しずつ加え、ホワイトソースと同じようにかき混ぜる。

……………………………………………

◉ロブスターのプロバンス風

チャールズ・ランフォーファー（元〈デルモニコス〉のシェフ）『美食家 *Epicurean*』（1894年）から。

1. 中くらいのサイズの生のロブスターの尾を均等な大きさに切り分け、塩、ミニョネット（粗挽きコショウ）で味つけをする。
2. 鍋にオイルを入れ、強火で両面にきれいな焼き色がつくまで炒める。
3. タマネギ約220*g*を細かいみじん切りにし、ロブスターの鍋に塩、コショウ、ミニョネット、多量のパセリとともに加える。タイム、ローリエ、約250*cc*のトマトソース、アルコールを飛ばしたブランデー大さじ4を加え、2、3分煮こむ。
4. ロブスターを取り出し、ソースを裏ごし器でこしてから、白ワインをボト

ル半分を加えて強火で煮詰める。ソースのあくを取り、ほとんど煮汁がなくなるまで煮詰めたら、ロブスターを戻し、お好みで味を整えて供する。

………………………………………………

◉ロブスターのニューバーグ風またはデルモニコ風

チャールズ・ランフォーファー（元〈デルモニコス〉のシェフ）『美食家 *Epicurean*』（1894 年）から。

1. 1*kg* 弱のロブスター 6 匹を、塩を入れた湯で 25 分間茹でる。6*kg* の生きたロブスターを茹でると、約 1.5*kg* の身肉と約 100*g* のタマゴが取れる。
2. 冷めたら胴体から尾を取り外し、尾を薄切りにする。ソテーパン［フライパンより深く、ふたが付いている］に切り身を並べて入れ、温めた澄ましバターを加える。
3. 塩で味つけして、こげめをつけないように両面を軽く焼く。良質の生クリームを切り身の高さまで入れ、強火で半量まで煮詰める。
4. マデイラワインをスプーン 2 ～ 3 杯加え、液体をもう一度だけ煮立たせてロブスターを取り出す。
5. タマゴの黄身と生クリームで濃度をつけ、カイエンヌペッパーとバター少々を加えて煮立たせずに煮こむ。
6. ロブスターを軽くあえ、野菜を盛った皿に並べて上からソースをかける。

………………………………………………

◉ロブスターのビスク

ファニー・メリット・ファーマー『ボストン・クッキングスクールの料理本 *The Boston Cooking-School Cook Book*』（1896 年）より。

ロブスター…約 1*kg*
冷たい水…2 カップ
牛乳…4 カップ
バター…$\frac{1}{4}$ カップ
小麦粉…$\frac{1}{4}$ カップ
塩…小さじ 1$\frac{1}{2}$
カイエンヌペッパー…少々

1. ロブスターの身肉を殻から取り出す。
2. 胴体の殻とハサミの先端の固い部分を細かく切って冷水を加え、ゆっくり沸騰させて 20 分間茹でる。
3. 殻を取り除き、2 にバターと小麦粉を加えて加熱し、とろみをつける。
4. 細かく切ったロブスターの尾の身肉を牛乳に入れて煮る。
5. 牛乳をこして、液体に加える。塩とカイエンヌペッパーで味つけする。
6. さいの目に切ったやわらかいハサミの身肉と胴体の身肉を加える。
7. タマゴが見つかったら、洗って水気を拭き、細かいこし器に押しつけてバラバラにし、すり鉢にバターと一緒に入れてよく混ざるまで擂る。
8. 7 に小麦粉（分量外）を加え、かき混ぜながらスープに入れる。
9. 濃いスープが好みなら、水の代わりに白いスープストックを使うとよい。

現代のレシピ

◉イセエビのグリル

マグダリーン・バン・ワイクの許可を得て掲載。『南アフリカの料理大全 *The Complete South African Cookbook*』（2007年、ストルイク・ライフスタイル社）より。

（2人分。下ごしらえ20分、調理10分）
生のイセエビ…2匹
溶かしバター…大さじ2
溶かしバターにレモン汁を加えたもの
塩…小さじ¼
コショウ…小さじ¼
付け合わせ…パセリのみじん切り

1. よく切れるナイフでイセエビを裏側からふたつに割り、尾の黒い筋と頭の下の嚢（のう）を取り除く。
2. 両方の身肉にハケで溶かしバターを塗り、油を塗った焼き網の上に並べる。
3. 焼き網を直火から10*cm*離してグリルに載せ、ときどきバターを塗りながら、身肉が白く不透明になるまで、約10分焼く。
4. 塩とコショウで味つけし、溶かしバターにレモン汁を加えたものを添え、尾の上にパセリを振りかけてすぐに供する。

＊イセエビは炭火で焼いてもよい。

……………………………………………

◉ベイクトロブスター・テールのスフレ（南アフリカ）

（8人分、メインディッシュ）

○ロブスターの調理法

1. 大きな鍋に水道水のぬるま湯を入れ、170*g*ほどのアフリカイセエビの尾8匹分を沈める。
2. 塩大さじ1とくさび形に切ったレモン½個を加える。
3. 沸騰したら、ふたをして弱火で5分間煮る。
4. 火を消して、ロブスターを湯の中に30分置いてから水気を切る。
5. ロブスターが冷めたら、尾の下側から身肉を切り取り、殻は置いておく。
6. 身肉を8等分し、3.8リットルのボウルに入れる。

○ホワイトソースの作り方

1. バター大さじ1を溶かす。
2. 小麦粉大さじ1、塩小さじ½、白コショウ小さじ⅛を入れてよくかき混ぜる。
3. 110*ml*の牛乳またはライトクリーム［脂肪分18～30%のクリーム］を少しずつかき混ぜながら加える。
4. かき混ぜながら加熱してとろみをつける。火から下ろして冷ましておく。

○ホワイトソースと混ぜる

熟したハニデューメロンの皮をむいて2*cm*角に切ったもの…350*g*
乾燥したパン粉…25*g*

ホワイトソース…110ml（上記のレシピを参照）
カレー粉…大さじ1
パプリカ…小さじ1

1. 5個分のタマゴの白身をかき混ぜておく。
2. 茹でたトブスター、ホワイトソース、メロン、パン粉、1を混ぜあわせる。
3. へらを使ってロブスターの尾の殻にこの混ぜ物を、尾の表面が盛り上がるほど詰める。
4. 尾をベーキングシートに並べ、220℃のオーブンでキツネ色になるまで約10分間焼く。焦げないように注意する。
5. ライスブジュンブラ［米をチキンスープで炊いたピラフのようなもの］を添えて供する。

………………………………………………

◉広東風ロブスター料理

（6人分、メインディッシュ）
生きているロブスター…4匹（それぞれ700～900g）
豚ひき肉…約230g

［豚ひき肉のマリネ液の材料］
しょうゆ…小さじ2
シェリー酒…大さじ1
水…小さじ1
ゴマ油…小さじ½
ピーナッツオイルか紅花油かコーンオイル…大さじ2

［香辛料のみじん切り］
豆鼓（トウチ）…大さじ2（洗って水気を取り、みじん切りにする）
ニンニク…大さじ2（みじん切り）
青ネギ…大さじ1（みじん切り）
生ショウガ…大さじ1（みじん切り）
セロリ…1本（細かいみじん切り）

［ロブスター・ソース］
チキンスープ…1カップ（225ml）
しょうゆ…大さじ2½
シェリー酒…大さじ2
ゴマ油…小さじ1
砂糖…小さじ1
挽き立ての黒コショウ…小さじ¼

［とろみつけ］
水…大さじ1
コーンスターチ…小さじ1½

タマゴ（大）…2個（ほぐしておく）
青ネギ…大さじ1（みじん切り）

1. ロブスターを家庭用冷凍庫で動かなくなるまで15～30分冷やしておく（凍死させてはいけない）。
2. よく切れる大きなシェフナイフを使って、ロブスターの尾と胴体の境目から頭まで縦にふたつに切り、それから尾を2分割する。
3. 頭部から胃袋（口のそばにある）を取り除く。目と触角がついている頭の先の部分も切って捨てる。腸管を取り

除き、腸管と一緒に脚も除去する。

4. 胴体を殻ごと約5cm角に切り分ける。
5. 豚ひき肉をバラバラになるまで包丁で叩き、ボウルに入れ、マリネ液とやんわりと混ぜる。
6. 熱した中華鍋に油を入れ、かなり熱くなるまで熱する。香辛料のみじん切りを入れ、香りが立ってくるまでかき混ぜながら、約10秒炒める。
7. 5の豚ひき肉を加え、かき混ぜながら炒める。ひき肉がパラパラになり、色が変わるまで約1分間炒める。
8. 強火にして、ロブスターの切り身を入れ、約1分間かき混ぜながら炒める。
9. ロブスター・ソースを加え、煮立たせる。ふたをして、強火で約3分間煮こむ。
10. ふたを取り、とろみつけを細い線のように加え、ダマにならないようにかき混ぜつづける。
11. ソースにとろみがついたら火を消し、ほぐしたタマゴを鍋肌から少しずつ加える。
12. さっと混ぜて、中身を皿に空ける。青ネギのみじん切りを散らし、すぐに供する。

………………………………………

◉ロブスター・テルミドール
(1～2人分)

1. ロブスターを家庭用冷凍庫で動かなくなるまで15～30分冷やしておく(凍死させてはいけない)。
2. ロブスターの尾と胴体の境目から頭まで縦にふたつに切り、それから尾を2分割する。エラ(食べられないひだのような部分)を身肉から取り除く。ハサミの殻は砕いておく。
3. ロブスターの半身(2個)に軽く塩をふり、油を振りかけ、220℃に温めておいたオーブンで約15～20分、身肉が半透明になるまで焼く。
4. 尾とハサミから身肉を取り出し、3～5mm角に切り分ける。
5. かなり濃いベシャメル(クリーム)ソースを作る。材料は次のとおり。

[ベシャメルソース]
バター…大さじ2
小麦粉…大さじ2
塩…小さじ½
コショウ…小さじ⅛
ナツメグ…小さじ⅛
牛乳…2カップ(450ml)
タマゴ…2個

6. 肉汁、魚のだし汁、白ワインを同じ割合で混ぜてスープストックを作る。
7. チャービル、エシャロットのみじん切り、タラゴンを6のスープに加える。
8. スープにとろみがつくまで煮つめたら、イングリッシュ・マスタード小さじ1、5の濃いベシャメルソース少々を加える。
9. 8を2～5分間煮こみ、バター60gを加えて混ぜながら溶かす。
10. 半分に割ったロブスターの殻の内

側を覆うように、9のソースをたっぷり注ぎ入れる。

11. ロブスターの身肉を入れ、その上に残りのソースをかける。
12. 表面にパルメザンチーズをすりおろしたもの大さじ2と溶かしバター大さじ2を振りかけ、240℃に温めたオーブンに入れてさっと焦げ目をつける。

(簡単な作り方)

1. ロブスターを半分に切って焼き、殻から身肉を取り出す。
2. イングリッシュ・マスタード小さじ1で味つけしたベシャメルソース少々で殻の内側を覆う(ベシャメルソースの材料は上記参照)。
3. スライスしたロブスターの身肉を詰め、その上から同じソースをかけ、オーブンで焦げ目をつける。焼き上がったらすぐに供する。

エリザベス・タウンセンド（Elisabeth Townsend）
アメリカ、マサチューセッツ州コンコード在住。『ボストン・グローブ』紙、『ガストロノミカ』誌、『クォータリー・レビュー・オブ・ワイン』誌などの新聞や雑誌に、食べ物や旅行、ワインに関する記事を執筆している。

元村まゆ（もとむら・まゆ）
同志社大学文学部卒業。翻訳家。訳書として『「食」の図書館　トウモロコシの歴史』（原書房）、『SKY PEOPLE』（ヒカルランド）、『魔女の教科書　ソロのウィッカン編』（パンローリング）などがある。

Lobster: A Global History by Elisabeth Townsend
was first published by Reaktion Books in the Edible series, London, UK, 2011.

「食」の図書館

ロブスターの歴史

●

2018年12月25日　第1刷

著者……………エリザベス・タウンセンド
訳者……………元村まゆ
装幀……………佐々木正見
発行者……………成瀬雅人
発行所……………株式会社原書房

〒160-0022 東京都新宿区新宿1-25-13
電話・代表03(3354)0685
振替・00150-6-151594
http://www.harashobo.co.jp

印刷……………シナノ印刷株式会社
製本……………東京美術紙工協業組合

ISBN 978-4-562-05562-3, Printed in Japan

カクテルの歴史《「食」の図書館》
ジョセフ・M・カーリン著　甲斐理恵子訳

氷やソーダ水の普及を受けて19世紀初頭にアメリカで生まれ、今では世界中で愛されているカクテル。原形となった「パンチ」との関係やカクテル誕生の謎、ファッションその他への影響や最新事情にも言及。　2200円

メロンとスイカの歴史《「食」の図書館》
シルヴィア・ラブグレン著　龍和子訳

おいしいメロンはその昔、「魅力的だがきわめて危険」とされていた!? アフリカからシルクロードを経てアジア、南北アメリカへ…先史時代から現代までの世界のメロンとスイカの複雑で意外な歴史を追う。　2200円

ホットドッグの歴史《「食」の図書館》
ブルース・クレイグ著　田口未和訳

ドイツからの移民が持ち込んだソーセージをパンにはさむ――この素朴な料理はなぜアメリカのソウルフードにまでなったのか。歴史、つくり方と売り方、名前の由来ほか、ホットドッグのすべて!　2200円

トウガラシの歴史《「食」の図書館》
ヘザー・アーント・アンダーソン著　服部千佳子訳

マイルドなものから激辛まで数百種類。メソアメリカで数千年にわたり栽培されてきたトウガラシが、スペイン人によってヨーロッパに伝わり、世界中の料理に「なくてはならない」存在になるまでの物語。　2200円

キャビアの歴史《「食」の図書館》
ニコラ・フレッチャー著　大久保庸子訳

ロシアの体制変換の影響を強く受けながらも常に世界を魅了してきたキャビアの歴史。生産・流通・消費についてはもちろん、ロシア以外のキャビア、乱獲問題、代用品、買い方・食べ方他にもふれる。　2200円

（価格は税別）

ジンの歴史《「食」の図書館》

レスリー・J・ソルモンソン著　井上廣美訳

オランダで生まれ、イギリスで庶民の酒として大流行。やがてカクテルのベースとして不動の地位を得たジン。今も進化するジンの魅力を歴史的にたどる。新しい動き「ジン・ルネサンス」についても詳述。　２２００円

バーベキューの歴史《「食」の図書館》

J・ドイッチュ／M・J・イライアス著　伊藤はるみ訳

たかがバーベキュー。されどバーベキュー。火と肉だけのシンプルな料理ゆえ世界中で独自の進化を遂げたバーベキューは、祝祭や政治等の場面で重要な役割も担ってきた。奥深いバーベキューの世界を大研究。　２２００円

トウモロコシの歴史《「食」の図書館》

マイケル・オーウェン・ジョーンズ著　元村まゆ訳

九千年前のメソアメリカに起源をもつトウモロコシ。人類にとって最重要なこの作物がコロンブスによってヨーロッパへ伝えられ、世界へ急速に広まったのはなぜか。食品以外の意外な利用法も紹介する。　２２００円

ラム酒の歴史《「食」の図書館》

リチャード・フォス著　内田智穂子

カリブ諸島で奴隷が栽培したサトウキビで造られたラム酒。有害な酒とされるも世界中で愛され、現在では多くのカクテルのベースとなり、高級品も造られている。多面的なラム酒の魅力とその歴史に迫る。　２２００円

ピクルスと漬け物の歴史《「食」の図書館》

ジャン・デイヴィソン著　甲斐理恵子訳

浅漬け、沢庵、梅干し。日本人にとって身近な漬け物は、古代から世界各地でつくられてきた。料理や文化としての発展の歴史、巨大ビジネスとなった漬け物産業、漬け物が食料問題を解決する可能性にまで迫る。　２２００円

（価格は税別）